Microsoft

U0202834

Office 365
开发入门指南

陈希章◎著

北京大学出版社
PEKING UNIVERSITY PRESS

内容提要

微软的Office 365是业界知名的生产力平台，自2011年6月28日正式推出以来，已在全世界拥有数以亿计的活跃用户，也为开发者提供了广阔的发展机遇。本书是第一本围绕Office 365开发展开的中文书籍，出自微软高级产品经理之手，不仅全面介绍了Office 365开发的架构，还有丰富翔实的案例，同时也有国内版和国际版的比较，相信对于开发者来说是一本实用的指南。

本书的主要目的是帮助广大Office开发人员实现从传统的、分散的客户端开发体验向Office 365提供的一致的、跨平台与跨设备的体验过渡。此外，相信独立开发商（ISV）的开发团队、项目经理及产品经理也可以从本书中获得一定的启示。

图书在版编目（CIP）数据

Office 365开发入门指南 / 陈希章著. —北京：北京大学出版社，2018.9
ISBN 978-7-301-29751-3

Ⅰ.①O… Ⅱ.①陈… Ⅲ.①办公自动化－应用软件－程序设计－指南 Ⅳ.①TP317.1-62

中国版本图书馆CIP数据核字（2018）第171494号

书　　　名	Office 365 开发入门指南
	Office 365 KAIFA RUMEN ZHINAN
著作责任者	陈希章　著
责任编辑	吴晓月
标准书号	ISBN 978-7-301-29751-3
出版发行	北京大学出版社
地　　　址	北京市海淀区成府路205 号　100871
网　　　址	http://www.pup.cn　　新浪微博：@北京大学出版社
电子信箱	pup7@pup.cn
电　　　话	邮购部 010-62752015　发行部 010-62750672　编辑部 010-62570390
印　刷　者	北京大学印刷厂
经　销　者	新华书店
	787毫米×1092毫米　16开本　16印张　450千字
	2018年9月第1版　2018年9月第1次印刷
印　　　数	1—4000册
定　　　价	69.00 元

序　言

从Office 365平台化发展看微软转型

微软（亚洲）互联网工程院副院长、Office 365 产品工程总监　叶盛华

作为第一本Office 365开发方面的中文书籍，本书系统地介绍了Office 365给广大开发人员带来的新的平台和机遇，并且给出了很多实践案例及代码。希章在加入我的团队之前，已经有超过15年的Office平台扩展和开发的实战经验，在开发者技术社区有长期的贡献，而且在一线为很多客户提供过架构设计、解决方案集成方面的服务。这些经历使他所写的文字和内容都比较"接地气"，这是我看了本书后的第一个感受。下面我想结合我的工作经历，谈谈对Office 365产品及其平台化发展的想法，也分享一些微软的转型思维和实践成果。

我在微软工作已超过22年，今年是我受命回国准备Office 365的落地并主持产品工程研发的第10个年头。我的大部分职业生涯都与Office这个有着光荣传统和历史的产品密切相关，我很荣幸成为这个有趣过程的一分子。

在有Office 365之前，我们有着广受欢迎的Office客户端套件，以及功能强大的Office 服务器产品群（包括Exchange Server、SharePoint Server和Lync Server等）。5年前，我们迎来了微软的"云优先、移动优先"的大趋势，快速地将Office相关的产品实现SaaS化，这是一个极具挑战的工作，但我们做到了。我们将一个分散的、多服务器上部署的，以及以PC为主的产品有机地组合到一起，在一个强大的共享云平台上实现，通过世界各地高速及强大的数据中心研发出了世界领先的云生产力Office 365智能服务及平台。此外，我们将每一个客户端都进行了移动再造，让用户得到一个真正能在任何地方、任何时候，以及任何平台和设备上都能得心应手地处理文书、回复邮件、和同事沟通及协作的超级应用。就像微软的使命所说的，Office 365赋予每个人一个强大的生产力工具，让大家每一天都能在自己的工作中做得更好。

Office 365正在快速地被全世界的用户接受和使用，每月经由Office 365发出的邮件超过4T，每天的Skype 通话超过30亿分钟，每月的会议超过10亿次，文件存储和共享超过470PB。在今天智能为先的时代，面对这些最有价值的用户数据，怎样让广大的开发人员和微软一起打造一个更智能、更广泛的服务呢？对此我们提出了Office 365的平台化发展战略，希望把Office 365建设成一种基础性的设施，不再是简单地做产品，而是希望将Office 365的能力公布出来，让全世界的开发人员都能轻松地调用、享用我们的研究成果。这不仅要求我们进一步审视自己的技术架构，同时还要有很多思维上的革新，如以下几个方面。

（1）统一的标准化开放。Office 365是强大的、多元的，我们全面开放所有产品的开发接口，毫无保留。通过给开发者提供一个统一的Graph API标准，让开发人员易学易用。此外，我们提供的接口都是完全支持跨平台的。

（2）以用户为中心，场景驱动。用户和场景是我们在设计某个功能和某个接口时的重要考虑因素。例如，我们在国内有一些合作伙伴，基于 Office Add-in 把他们的成熟业务（如流程审批、电子签章等）引入 Office 客户端。他们在设计解决方案时，我们会听取反馈，发现有当前功能或接口不符合用户需求和业务场景需要的情况，就把这个作为优先级很高的需求对待。过去我们的产品是每 3 年更新一次，现在 Office 365 每个月都有近百项新功能发布。

（3）和开发者一起走进智能时代。我们一直在 Office 的重生再造上下功夫，人工智能的飞速发展是一个新机遇。我们一直致力于通过人工智能技术重新定义我们的服务。例如，你可以用前所未有的方式工作——让 Word 将文档读给你听，让 Excel 自动提出数据见解，让 PowerPoint 提供设计参考，等等；同时，Office 365 会前所未有地了解你，为你提供很多个性化的服务。通过 Office 365 Graph API，我们把大量的数据提供给开发者，希望他们也可以通过大数据及人工智能技术带给用户更智能、更高效的服务。

Office 365 开发平台是强大的，在上面提到的几个关键转型思维的指导下，我们的产品工程团队通过使用同样的平台 API 做了不少本地化的开发尝试。通过这些尝试，我们既亲身体验和测试了自己的 API 的实用性，也给中国用户提供了更"接地气"的服务。下面分别介绍我们在企业和消费者领域及公共事业领域取得的成果。

在 2017 年 11 月 1 日的微软技术暨生态大会上，我们发布了 Office 365 微助理。这是一款基于微信平台打造的 Office 365 个人助理办公套件，让简易熟悉的使用环境和 Office 365 的强大工作场景组合在一起，同时还能有效实现对数据的保护和再利用。通过微助理不仅可以完成邮件收发、日程管理、文档协作、团队沟通等移动办公场景，还可以实现很多有意思的人工智能应用场景，如重要邮件分类、图片识别和处理、翻译、知识库与智能问答机器人等。据不完全统计，在上线后的短短几个月里，有超过 600 家不同规模的企业客户部署了 Office 365 微助理。

在公共事业领域，微软与教育部签署了《中国教育信息化第三期合作战略合作备忘录》，为中国学校提供基于 Office 365 的微软教育云服务。通过多层次的合作，包括"全球创新学院""长城计划"及"国培计划"等，不遗余力地参与和推动教育信息化的升级。其中，"家校通"这个项目是微软海外产品体系中尚未出现的产品形态，是完全在与本地合作伙伴的共同努力下打造的"中国智造"的成果。这个产品将 Office 365 的云盘、笔记本、团队网站及视频会议功能无缝整合成教育信息化平台，为老师和学生提供了强大的协作、沟通工具，低成本本地快速构建可信赖的数字化课堂，在极端天气的情况下实现停课不停学，甚至为偏远山村的儿童实现了远程教学应用。

以上提到的两个应用场景是 Office 365 平台化能力的一个有力佐证。使用希章在书中提到的 Microsoft Graph 和人工智能的技术，也可以开发出类似的应用。Office 365 产品工程团队将一如既往地支持越来越多的中国合作伙伴和开发人员更好地利用 Office 365 的平台能力，一方面解决好、服务好中国的客户和用户，另一方面也将这些好的创意和成果推广到全世界。

从《淮南子》谈Office 365的赋能之道

微软大中华区Office 365产品市场总经理　郑弘亦

《淮南子》开篇有一段关于"道"的描述："夫道者，覆天载地，廓四方，柝八极，高不可际，深不可测。"在我看来，"道"应该是世界观和方法论的统一，贯穿于万事万物之中。

Office 365的世界观是赋能于员工，打造更智能的生产力，而对应的方法论就是把针对性的办公模块（如办公"三剑客"——Word、Excel、PowerPoint）、内容管理SharePoint、远程沟通Skype for Business、网盘OneDrive、企业邮件Outlook及团队管理Teams等进行有机整合。这种"有机性"已经接近一个自然的人体：各个模块就像人体中职能不同的器官，统一接口的Microsoft Graph就像神经中枢，Office Add-in等四大开发方向就像促进人体生长发育的组织腺体。Office 365是人类历史上很好地体现整体性的一款SaaS应用。

赋能于人类，就是Office 365的"道"。

《淮南子》有云："置猿槛中，则与豚同，非不巧捷也，无所肆其能也。"意思是把猿类关在笼子里，它就会像猪一样，并不是它没有灵巧攀登、轻捷跳跃的本领，而是它没有发挥本领的机会。

在我看来，这个猿类也应该包括"程序猿"——21世纪从事IT开发的一类人群。而这个笼子很大程度上并不是客观限制，而是"程序猿"对Office 365的认知深度。有的开发人员只是蜻蜓点水，满足于常规功能的维护与管理，不但令企业数字化转型的投入大打折扣，而且自己的能力提升也有限；有的人则可以从业务需求反馈中通过Office 365挖掘出更多的生产力，塑造各类更高效的办公场景，自身功力也得以精进。

希章集20年功力创作的这本《Office 365开发入门指南》，对于"程序猿"打破脑中的笼子、深度拓展Office 365的世界观，在学习和实践中提高开发能力，一定大有裨益！

人工智能时代生产力的新篇章

微软（中国）有限公司现代办公"专业技术解决方案专家"团队总监 刘浩

自2011年6月28日微软发布Office 365至今，我们团队Office领域的技术专家亲眼目睹"她"一天天成长，直至成为当今世界上最大的SaaS云服务平台。截至2017年6月，Office 365的收益已经全面超越了传统的本地部署版的Office套件。

在"她"成长期间，我们不仅感受到了Office 365的日新月异，同时也切身体会到微软文化转型及组织转型带来的巨大能量，可以说文化的转型和Office 365是相辅相成的。目前，全球500强中近90%的企业都在使用Office 365，个人订阅用户已经达到1亿，这些变化使Office 365成为一个巨大的数据金矿，等待着全球的独立软件开发人员来挖掘。这是一个巨大的"风口"。

当我们意识到这座"金矿"的存在后，接下来的难题就是如何去"采矿"了。我们需要对"采矿"的方式方法及对"矿场"的结构进行必要的解析。

陈希章创作的这本指南由浅入深，不仅告诉大家如何去开发Office 365中的组件，还对每个组件的业务价值做了相应的说明。书中的例子都经过了陈希章的反复推敲与实践验证，指南中也针对中国由世纪互联（21V）运营的Office 365数据中心做了较多的说明和优化解析。同时，由于Office Graph涵盖和整合了之前所有的服务，所以在此书的编写过程中，有些预览版的API经常会有一些调整。在此期间，陈希章经历了很多的磕磕绊绊。此书的创作是一项了不起的工作，可以让开发人员少走很多弯路。

特别值得注意的是，指南的最后简单地讲述了Office 365的发展趋势之一——智能化。这也是微软未来的三大主题（混合现实、人工智能和量子计算）之一。现在都在谈万物互联（IoT），殊不知万物互联发展到最后，如何进行"人机互动"就成了新的难题。例如：IoT得到的数据如何分析、计算，并展现给相应角色的人员？当数据发生问题时，该角色的运营人员如何快速地与另外一组人员进行沟通互动？因此，对万物互联（IoT）的理解还应该加上"人"这一核心要素，我给它的定义为IoPeople。我们是否可以用这样的模型来定义一个企业的智能程度：A.I./（IoT + IoP）。A.I.是指一个企业全部的A.I.能力，相信随着量子计算的实现，这一能力将有质的飞跃。IoT+IoP是一个企业所有"物"的数量集，这样就可以得到每一个"物"所具有的智能指数值。相信在未来，我们会看到最新版的混合现实（MR）带来更多令人振奋的人机互动方式。

前　言

微软的 Office 365 是业界知名的生产力平台，自 2011 年 6 月 28 日正式推出以来，已在全世界拥有数以亿计的活跃用户，帮助用户实现现代化办公，也为广大的开发者提供了广阔的发展机遇。用户可以利用这个平台所提供的能力，快速构建"云优先、移动优先"的应用，以全新的方式分发给全世界的用户。

Office 365 是在 2014 年 4 月正式进入中国市场的，而且中国拥有一个由世纪互联独立运营的特殊版本。对于广大的中国用户和开发人员来说，这是一个很好的机遇。我作为一个从传统的 Office 定制开发一路走来的"老兵"，同时又在微软 Office 365 产品组担任产品经理的角色，有机会较系统地了解产品和平台发展的内在设计和规律，希望将这些经验分享给大家，让更多的人受益。

为什么要写这样一本书

我是中国区最早的 Office 平台开发方向的 MVP（微软最有价值专家），曾经获得 Excel MVP 和 SharePoint MVP，所以对于 Office 的开发和定制比较熟悉，对它提供的强大能力也深有体会。在过去的十多年里，我写过很多这方面的技术文章，并分享在技术社区。

2017 年 2 月上旬，我从西雅图总部学习交流回来，有感于 Office 365 在全球范围内的蓬勃发展，以及它给开发人员带来的全新动力和机遇。我接触了一些独立开发商和开发人员，他们的兴奋之情溢于言表；在与总部产品团队交流时，我也了解到 Office 365 在加速向平台化完善，不止步于提供强大的协作和沟通功能，更重要的是还要让合作伙伴在该平台基础上定制、集成自己的应用和解决方案，实现更大的价值。

从 2017 年 2 月开始动笔后，我最先在博客上发布了 Office 365 开发系列文章，期间陆续收到了不少反馈，也帮助我将写作的想法逐步完善起来。截至 2017 年 12 月，我共写作 39 篇，总计约 10 万字。这些文章经过多个微信公众号转载，被来自 24 个国家的上万名读者阅读分享，也更坚定了我创作本书的决心。

写作 Office 365 开发入门系列的文章前后花费了十个多月的时间，这也正好是 Office 365 平台化作用日趋明显的一段时间，尤其是 Microsoft Graph 的功能不断升级和更新，全球范围内有越来越多的成功案例。所以要写这样一本技术性的书籍并没有想象得那么容易，因为它本身是动态变化的——事实上，在我决定出书后，有部分内容在回头审核时就发现已经过时，以至于需要重写——但这也正是我想表达的一种谢意，这是包括微软的产品组、市场和销售，以及服务各条战线共同努力的结果，也是越来越多的合作伙伴、开发人员共同参与的结果：Office 365 的开发与很多其他平台的开发一样，蕴含价值、富有活力。虽然这是第一本以中文写作的 Office 365 开发书籍，但我相信这只是一个开始。

本书内容和读者对象

本书共分为 6 章，第 1 章回顾 Office 平台开发的技术和场景，并引出 Office 365 开发的 4 个核心方向；第 2 章着重介绍基于 Microsoft Graph 的开发流程和案例；第 3 章详细介绍全新的 Office Web Addin的架构和开发生命周期；第4章围绕SharePoint Online的开发技术进行探讨；第5章展示Office 365开发的新领域和快速开发面向主题的商业应用程序实践；第6章分析Office 365现有的人工智能技术，详细讲解基于Office 365开发智能服务机器人的过程。

写作本书的主要目的在于帮助广大的Office 开发人员（包括Office客户端开发人员和SharePoint服务器端开发人员）实现从传统的、分散的客户端开发体验向Office 365提供的一致的、跨平台与跨设备的体验过渡。如果读者已经有Office开发的经验（包括VBA和VSTO），通过本书将了解到新的平台（Office 365）及其带来的新机遇。Web Add-in通过主流的Web技术实现，一方面可以让应用更易于分发和更新，另外一方面也可以让开发人员的开发技能得到进一步扩展，建议先着重阅读第1章和第3章。如果读者已经有SharePoint 开发的经验，通过本书将了解到SharePoint Online与本地版本的SharePoint Server在开发模式上的差异。通过阅读第1章和第4章，读者将深入了解SharePoint Add-in和SharePoint Framework在设计上的考虑和具体应用场景。

同时，独立开发商（ISV）的开发团队、项目经理及产品经理也可以从本书中获得一定的启示，因为Office 365提供了一套强大的接口（Microsoft Graph），可以通过这种新的技术将Office 365的能力集成到自己的解决方案中，为客户提供更多独特的价值。这些能力既包括Office 365标准的功能，如邮件、个人网盘、文档协作、联系人管理、会议室和日程管理等，也包括基于Office 365的大量数据来实现人工智能的能力。本书的第1章、第2章及第5章、第6章特别适合此类读者阅读。

鸣谢

我在初步决定要将这些在网上发表过的文章集结成书后，郑重地邀请了公司同事、行业内好友，以及技术社区的朋友进行审稿。在此过程中，我收到了很多中肯的意见，这些意见涉及内容、行文风格、可阅读性等方面，还有部分好友专门为我撰写了书评和推荐语。由于篇幅有限，这些文字未能全部出现在本书中，但这些反馈已经为我日后创作其他文章或书籍埋下了种子。在此一并表示感谢。

最后，我要感谢所有正在阅读本书的读者，衷心希望这本书可以为读者打开通往Office 365平台的大门。在创作过程中，我竭尽所能地为读者呈现最新、最实用的功能和内容，但仍难免有疏漏和不妥之处，敬请广大读者指正，也欢迎大家多提宝贵意见（请通过 office365devguide@xizhang.com 邮箱与我联系）。

目　录

第1章

微软的 Office 365 是业界知名的生产力平台，自 2011 年 6 月 28 日正式推出以来，已在全世界拥有数以亿计的活跃用户。它不仅帮助用户实现了现代化办公，更为广大的开发者提供了广阔的发展机遇，开发者可以利用这个平台所提供的能力，快速构建"云优先、移动优先"应用，以全新的方式分发给全世界的用户。本章将介绍以下内容。

1. 回顾 Office 开发的基本情况。
2. Office 365 开发概述。
3. Office 365 "生态环境"介绍。
4. 搭建 Office 365 开发环境。

第 1 章　Office 365 开发概述及生态环境介绍

1.1　回顾 Office 开发的基本情况

我几乎使用过 Office 97 之后所有的 Office 版本，印象最深刻的是以下几个版本。

（1）Office XP。

（2）Office 2003。

（3）Office 2007。

（4）Office 2013。

（5）Office 365。

1.1.1　Office XP

Office XP 没有用年份来编号（理论上应该是 Office 2002），可能是为了配合 Windows XP 的整体市场宣传定位，它的特殊之处在于有一个所谓的开发版（Office 2000 也有开发版，但 Office XP 的这个版本更加完善）。值得一提的是，虽然同样带有 XP 的光环，但 Office XP（如图 1-1 所示）远没有 Windows XP 那么风光（后者"服役"超过 13 年，直到现在还有用户对其念念不忘），它很快就被 Office 2003 取代了。

图 1-1

1.1.2　Office 2003

Office 2003 是一个非常重要的版本，它代表着 Office 产品技术的巅峰时代——这个版本的 Office 功能非常强大，可以说是无所不能。如果说 Office XP 是我用得比较全的一个版本——除了 Outlook 外，其他组件基本都用过，还用 FrontPage 做出了人生中第一个网站——那么 Office 2003 就是我真正意义上开始较为深入地使用的版本，尤其是 Excel 和 Access 这两个组件，结合当时的工作需要，我使用 VBA 开发了从简单到复杂的各种小应用。

我在学习Excel的VBA时是非常认真的，一个佐证就是我那时愿意花50美元托人从国外辗转买来一本足有1000多页的书（如图1-2所示）。这本书及其作者John Walkenbach对我的影响之大，很难用一两句话讲清楚。在那个相对单纯的年代，我一头扎进Excel VBA的世界里，收获的可不仅是写代码带来的乐趣，还有在微软技术社区（那时称"新闻组"）认识的很多朋友。

图 1-2

1.1.3   Office 2007

前面提到Office 2003是一个巅峰之作，那么Office 2007无疑是一个转型精品。表面上看，Office 2007带来了全新的UI风格——Ribbon，这是一次大胆的尝试，因为Office 2003的菜单已经非常多了，以至于很多新手经常找不到功能所对应的位置。这种界面的创新带有一定的冒险性（颠覆成熟的产品确实需要勇气），但事实证明非常成功。

图1-3所示为Word 2007的界面，除了界面上可见的变化外，Office 2007的另外一个重要创新是重新定义了Office文档的格式。除了继续支持Office 2003及早期版本的二进制文件格式外，还有一种全新的、基于XML的文件格式（通常在默认的文件扩展名后面添加一个x以示区分，如Word 2003的格式是.doc，而Word 2007虽然支持.doc，但更推荐用户使用.docx文件格式）。这个格式后来被正式命名为OpenXML技术，微软在经过实践后将其贡献给ECMA，并被ISO和IEC等组织认定为开发文档格式的国际标准。

在开发层面，Office 2007也有新的变化。虽然它依然支持VBA，但却规定所有包含代码的文件与不包含代码的文件从文件格式上要有明确区分。例如，Excel 2007的标准文件格式为.xlsx，而包含VBA代码的文件则必须重命名为.xlsm（这里的m是指macro）。此外，它开始支持使用Visual Studio 2005及.NET Framework，并对其进行开发定制，这就引出了一个全新的开发工具——VSTO（Visual Studio Tools for Office），此传统一直沿用至今。

针对.NET开发人员，微软还专门提供了OpenXML SDK，支持从自定义程序中通过OpenXML的标准操作Office文档（不要求本地安装Office）。

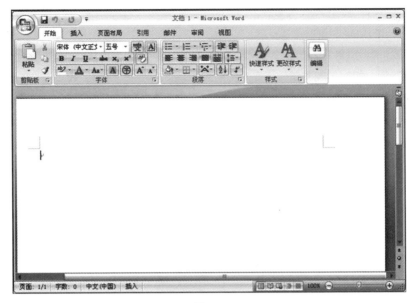

图 1-3

1.1.4　Office 2013

　　Office 2013有很多重要的创新，如增强了与云端服务整合的能力、跨平台和设备的能力，以及协同编辑的能力等，还有一个对开发人员来说至关重要的App开发模式，这个模式涵盖了客户端和服务器端及云端完整的产品线。这从根本上解决了开发人员部署应用程序的困扰，同时，它将通过Office Store建立一个全新的生态环境。相关的架构如图1-4所示。

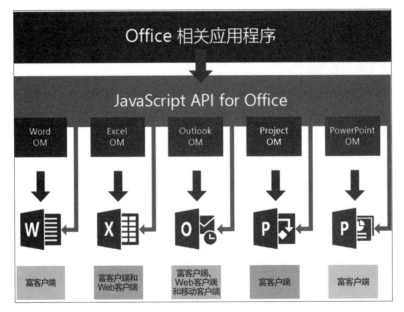

图 1-4

1.1.5　Office 365 横空出世

　　虽然Office 2013之后还有Office 2016，未来还将有Office 20xx这样按照年份编号的版本（称为本地版本），并不是说这些版本不重要但Office 365代表着微软对于广大Office用户的最终承诺，它已经有了并且还将不断有各种创新，用技术的变革来推动生产力的进步。在展开Office 365之前，先对此前的两种开发技术/模式（VBA和VSTO）进行一个归纳，以向经典致敬。

⊃ VBA

在多个Office客户端应用程序中，一直保留着对VBA（Microsoft Visual Basic for Applications）这个编程方式的支持。Visual Basic是微软公司于1991年推出的开发语言，直到现在还保持着强大的活力，在编程语言排行榜中名列前茅。除了它本身的易用性之外，还有一个非常关键的原因就是它在Office产品家族中的嵌入式编程支持，甚至一些非微软产品（如AutoCAD）也支持VBA。

虽然VBA可以做很多事情，但它最擅长的是对应用程序内部操作的自动化。例如，可以根据Excel表格中的数据，每一行生成一个表单，然后将其发送到打印机中打印出来。

现在能找到的任何一个Office版本，在打开某个应用（如Excel）后，按下"Alt+F11"组合键都可以进入VBA的编辑器界面，如图1-5所示。

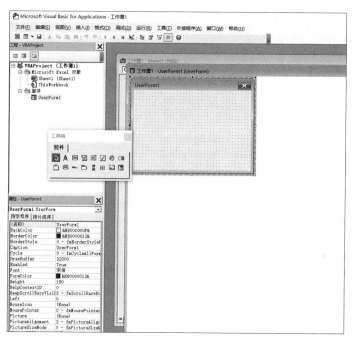

图 1-5

绝大部分应用程序的VBA编辑器都支持3类模块：一是该应用本身的对象模块，通常与该应用程序的行为—主要体现为事件—密切相关；二是Forms（Visual Basic中的Visual，即可视化的编程）；三是类模块，由于之前提到VBA主要是对Office的自动化，因此相当一部分VBA程序代码都集中在应用本身的对象模块中，而某些标准化较高的通用组件（如John的不朽杰作—Power Pack），则有大量代码在类模块或Forms中。

图 1-6

经历很多次的错误提示消息（如图1-6所示）操作后，我在技术上才有了一定的提升。学习VBA的首要工作就是要比较清楚地了解应用程序的对象模型，其实这个并不难，微软提供了相当丰富且详细的帮助文档（如Excel的不完全对象模型，如图1-7所示），但是熟才能生巧，只有经过大量的实践才能做到得心应手。

图 1-7

　　一个好消息是，Office应用程序中提供了录制宏的功能。也就是说，可以先按照使用者的想法进行操作，然后录制工具会把相应的代码记录下来。通常这些代码直接就可以运行，但是理想情况下，略加修改后的代码才真正有实用价值。毫不避讳地说，这是我早年学习VBA的一个重要法宝。编程工具能做到这个层面，不仅是业界良心，而且在技术上也是相当先进的。在Excel中录制宏的操作如图1-8所示。

　　宏（Macro）是VBA中的一个重要概念，通常可以简单理解为一组代码。

图 1-8

VBA代码的部署一般分为两种，既可以作为Office文档的一部分存在（如只是某个文件的特定功能），也可以单独存在（假定为一个通用的功能，能够在应用程序启动时就自动加载）。前者一般用带有m后缀的文件名保存即可（如xlsm、docm等），后者有一个专用的格式（如xlam）和叫法——加载宏。

⊃ VSTO

VSTO（Visual Studio Tools for Office）的第一个版本出现在Visual Studio .NET 2003中，但真正引起开发人员兴趣的是在Visual Studio 2005中，对应的Office版本是Office 2007。

为什么会推出VSTO这套工具呢？我认为一方面是由于Visual Studio及.NET自身发展的需要，另一方面是由于Office及开发人员的需要。VBA很好，但它的局限性也比较明显——它主要适合做应用程序内部的自动化，并不适用于与外界系统或网络资源"打交道"，同时对于新版Office的一些特殊功能（如Ribbon或Task Pane等）也缺乏支持。

最新版本的Visual Studio 2017采用了模块化的安装体验，如果选择了Office开发模块，就可以在项目模板中看到一大堆VSTO的模板（针对不同的应用程序，会有不同的模板），如图1-9所示。

图 1-9

我选择了"Excel 2013和2016 VSTO外接程序"模板，单击"确定"按钮会自动生成图1-10所示的代码。

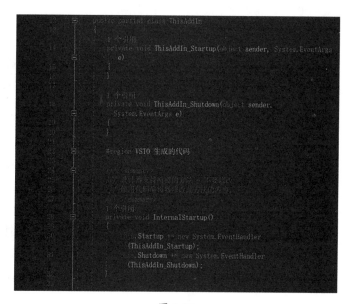

图 1-10

这就是大家所熟悉的 .NET 编程体验，几乎可以用到所有 .NET Framework 的功能，目前 VSTO 支持的开发语言除了 VB.NET 外，还有 C#。

需要注意的是，相较于 VBA，VSTO 在部署方面更加复杂。它不仅要求目标运行环境中的 Office 版本一致（通常高版本可以向下兼容），而且必须有对应的 .NET 运行环境。

这种版本和运行环境的依赖性在某种程度上对 VSTO 的应用起到了一定的制约作用，尤其在云优先及移动优先的时代，它与 VBA 在这方面的局限性进一步被放大。考虑到需要进一步简化部署，更重要的是在不同的平台及移动设备上都能得到一致性的体验，所以从 Office 2013 开始，直到现在的 Office 365，微软以 Web 技术为基础、以 App 为模型，为广大的开发人员提供了全新的开发支持，打开了一个新的视野。

必须说明的一点是，微软对于 VBA 和 VSTO 的支持将继续保留，它们有自己的优势，尤其是对于 Office 应用程序自有功能的自动化、快速开发及在本地使用的场景。

1.2　Office 365 开发概述

本节将从以下两个角度来介绍 Office 365 开发。

（1）Office 365 是什么。

（2）Office 365 的开发包括哪些场景。

1.2.1　Office 365 是什么

Office 365 并不是 Office 的升级版本，以前的 Office 版本通常都是按照年份来编号的（今后也将如此），而 Office 365 提供了一个全新的服务模式——基于云的生产力平台。简单来说，它（永远）包含最新版本的 Office，同时还包括在线及移动版本的 Office，以及其他很多创新性的云服务，真正来帮助组织或个人释放生产力，改善工作体验。

Office 365 的名称不会随着时间而变化，也就是说，不会有 Office 366 或 Office 360 之类的名称。据说当时将其命名为 Office 365，是希望让 Office 服务于所有用户的每一天。

从最基本的层面来看，Office 365 的功能解释如图 1-11 所示。

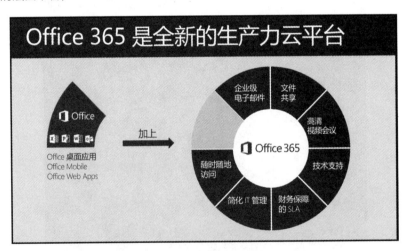

图 1-11

与此同时，Office 365 还在不断创新，推出新的服务，很多服务所示为都是免费提供给 Office 365 用户使用的。图 1-12 是目前国际版 Office 365 的界面截图。

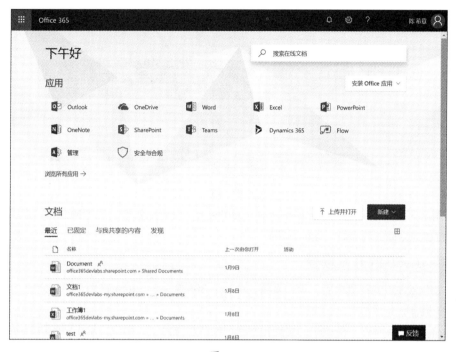

图 1-12

Office 365 是一个全球运营的服务，目前在全球 38 个不同地区都有 Office 365 的数据中心，在中国有两个完全独立的数据中心（分别位于上海和北京），由世纪互联负责运营，如图 1-13 所示。

除了全球统一的国际版本之外，由世纪互联运营的这个版本称为 Gallatin，大部分中国客户购买的都是这个版本，但也有一部分有海外业务的中国客户会购买另一个代号为 Yellowstone 的海外版本。

图 1-13

最后，Office 365 是基于订阅进行授权的，用户可以按需订阅组件，按照具体使用的时间付费，无须一次性购买。针对不同的组织或个人，Office 365 提供了丰富多样的订阅选项，详情见图 1-14。其中教育版和非营利组织版订阅费用极低，甚至完全免费。

图 1-14

从功能角度来看，核心功能都已经部署到了 Gallatin，但有些新推出的服务会有一定的部署周期，本书在后续提到这些服务时会做一定的说明。

1.2.2　Office 365 的开发场景

了解了 Office 365 的背景之后，再来看看在 Office 365 这个全新的生产力云平台之上，对于开发人员来说有哪些机会。

平心而论，Office 365 自身提供的功能和服务已经非常强大了，用户日常用到的功能可能只有全部功能的一小部分。但是，Office 365 毕竟是一个基础性的平台，用户肯定是为了借助其满足实际的业务需求。例如，用户使用 Word 并不仅仅是因为 Word 是一个世界一流的文字处理软件，而是因为当用户需要编写一份自己想要的方案或论文时，Word 正好可以帮助到他。从这个层面上来讲，用户的业务需求是千奇百怪的，而且永远不会被完全满足，尤其不可能仅靠微软的一己之力或 Office 365 的标准功能就完全被满足。

所以，Office 365 继承了 Office 一贯的优良传统，在设计的一开始，从架构上就支持开发人员在其基础上按照业务需求进行定制和扩展，官方的 Office 开发中心清晰地展示了这方面的能力，具体的开发场景如图 1-15 所示。

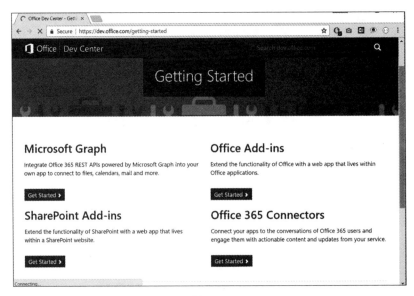

图 1-15

⊃ Microsoft Graph

通过 Microsoft Graph，可以让用户的自定义应用系统（无论是 Web 应用、桌面应用，还是移动 App）通过统一的、RESTful 的接口访问授权用户的 Office 365 资源。展开一点来说，一方面，用户的应用可以使用 Office 365 提供的 Identity 服务，简化和统一身份验证环节；另一方面，用户能直接将 Office 365 的功能无缝集成到自己的应用中去，免费享受到微软强大的基础投资带来的好处。

⊃ Office Add-ins

Add-ins 对于 Office 开发人员来说并不是新事物。前面已经提到了 VBA 可以做 Add-in（通常是通用的功能，与具体的文档无关，并且需要保存为特殊格式，如 .xlam 或 .xla，称为 Excel Add-in），VSTO 也可以做 Add-in（称为 COM Add-in）。

暂且将这两种 Add-in 称为传统的 Add-in。它们需要在本地安装和部署，并且会出现在 Office 应用的界面中，可以按需要启用或禁用，如图 1-16 所示。

这两种 Add-in 的优势和劣势在 1.2.1 节已经有了详细的说明，这里不再赘述。Office 365 的 Add-in 指的是基于新一代的 Web 技术推出的 Add-in 开发能力，可以将它们称为 Web Add-in。那么为什么会推出 Web Add-in 这种新的开发模式呢？其原因主要有以下两个方面。

第一，Web Add-in 采用了集中部署的策略，开发人员可以在一个统一的位置维护其代码并进行更新，用户也可以实现一次订购多处运行，不需要在不同的设备上对其一一进行安装。

第二，我们希望在移动设备上也能使用这些 Add-in，不必为移动设备再单独做一次开发。

图 1-16

⊃ SharePoint Add-ins

之所以单独讲解 SharePoint 的 Add-ins，是因为它区别于 Office Add-ins，指的是服务器端开发，二者在开发模式及要求的能力方面不太一样。但在我看来，SharePoint 的开发人员向 Office 365 转型会比传统 Office 开发人员容易。原因在于，SharePoint 的开发虽然也经历过不同的历史阶段（如从最早的 WSP 到后来的 Farm Solution，再到 Sandbox Solution，再到 SharePoint 2013 横空出世推出了 App 的模型），但其核心还是 Web 开发，所以有这种经验和基础的开发人员，在如今"云优先、移动优先"的大背景下有着先天的优势，更何况新的 Add-in 开发模式进一步标准化了，从逻辑上来说可能会更加容易

一些。

目前Office Store中有超过1214个SharePoint Add-in，如图1-17所示，约占全部Add-in的58％，其市场潜力可见一斑。

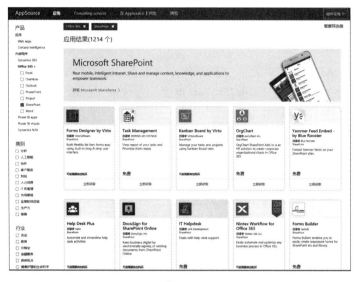

图 1-17

○ Office 365 Connectors

Connector（连接器）是一个全新的事物，如图1-18所示。目前在Outlook Modern Groups及最新发布的Microsoft Teams中起着连接外部应用系统或信息源的作用。

图 1-18

团队的共同工作区称为Group。在Group的日常协作过程中，可能会使用连接外部的应用系统或信息源，以便在这些系统或信息发生变化时，团队能以一种透明的方式得到通知。这就是Connector的任务。Groups目前已经默认提供了超过50个标准的Connector，如图1-19所示，开发人员可以根据自己的需要进行定制。

图 1-19

介绍完 Office 365 开发的四大典型场景（Microsoft Graph、Office add-ins、SharePoint Add-ins 及 Office 365 Connectors），再来简单介绍一下，作为开发人员可以使用哪些平台或工具来开展工作。

从图 1-20 中可以看到，目前支持的开发平台除了 ASP.NET 外，还有 Android+iOS 这种 Native App 平台，也有完全基于 JavaScript 及 NodeJS 的开发支持。这是一个开放的时代，Office 365 的开发掀开了崭新的一页，对于开发人员来说会有一定的挑战，但我相信机遇也会更大。

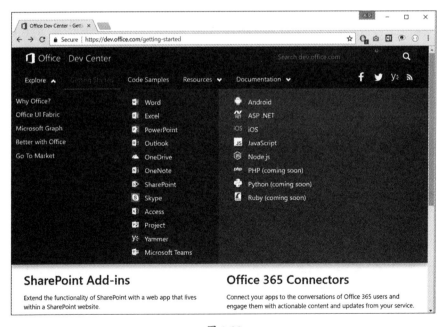

图 1-20

1.3　Office 365 "生态环境" 介绍

我很喜欢 "生态环境" 这个词，而且对这个词很有感触，因为前些年看电视节目里说到某些地区由于对某个物种的恶意捕杀，导致食物链上的其他物种也相应灭绝，让人触目惊心。从当前的经济全球化和扁平化的大背景来看，几乎所有的公司都不可能完全靠自己赢得一切；而如果失败，也不可能仅仅是因为自身能力不够这么简单。下面我结合自己的经验来谈谈 Office 365 的 "生态环境"。

我认为微软的成功法则是，紧密团结并帮助客户与合作伙伴取得成功，以此来获得成就，如图 1-21 所示。因为 Office 365 作为一个逐渐成熟的全球性生产力云平台，已经取得的一些成绩和将要进行的发展都离不开客户与合作伙伴的参与。

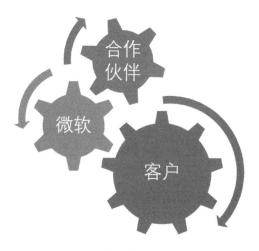

图 1-21

从图 1-22 中可以看到，越来越多的客户认识到了 Office 365 所带来的全新价值，并在自身的数字化转型过程中，利用 Office 365 提供的生产力解决方案（而不仅仅是产品）来取得先机。

图 1-22

Facebook 的选择让我们看到了这种级别的科技企业的决断力，也许这也正是其能够专注于业务创新的动力之一，如图 1-23 所示。

Facebook的CIO强调，Facebook采用Office 365不仅是为了该软件目前所具备的功能，更是因为该软件在未来将会带来的新技术与新能力。

一直以来，Facebook都将"令全世界更加开放，保持连接"作为自身使命。为了更好地达成这一使命，Facebook的员工需要一个高效、创新的生产力工具。最重要的一点在于，这款工具要能将创意付诸实践，而非只是记录创意。

考虑到Facebook的雇员遍及全球各地，因此该公司的IT部门希望挑选一个最高效的平台，帮助雇员提高生产力效率。Facebook允许雇员在任何地点、以任何方式来参与工作，并以在线方式进行员工间的交流与合作。这意味着Facebook的IT部门还要应对复杂的办公网络环境（Web、移动端及跨平台）。

为了更好地满足工作流动性需求，Facebook需要构建安全的工作环境，要能够应对恶意攻击，并向移动设备提供保护（特别是移动设备被偷窃或遭遇病毒入侵造成的安全问题）。

在Facebook看来，保持生产力非常重要，但安全和效率问题同样不容忽视。最终Facebook选中了Office 365，希望借此来增强Facebook的商业安全性。

Office 365是一个综合性的云平台，它满足了Facebook对安全标准的需求，并让工作更加智能和富有弹性；Office 365可以全球部署，并能通过任意Facebook支持的移动平台访问；最重要的是，Office 365给了Facebook雇员更强大的生产力，如在同一时刻、多个设备间分享传统Excel文件。

图 1-23

合作伙伴体系一直是微软的重要资产，它在全球有数百万的各种规模的合作伙伴。微软每年都会举办一次规模盛大的全球合作伙伴大会，2018年的合作伙伴大会于同年7月在拉斯维加斯举办。

开发人员是Office 365"生态环境"的重要组成部分，研发工程师在微软内部占了很大的比例，其中包括基础架构的开发团队、Office 365功能的开发团队、为Office 365设计接口的团队，以及一些特殊版本本地化的研发团队等。

对于合作伙伴的开发团队来说，最重要的是结合自身业务或客户需求，选择合适的切入点和自己熟悉的技术，并进行优势互补，利用Office 365平台提供的基础能力快速展开创新。

1.4 搭建 Office 365 开发环境

本节将介绍如何搭建Office 365开发环境，包括以下两方面的内容。

（1）申请Office 365一年免费的开发者账号。

（2）客户端开发环境介绍（Visual Studio Community、Code、Nodejs等）。

1.4.1 申请 Office 365 一年免费的开发者账号

要进行Office 365开发，当然要有完整的Office 365环境。为了便于广大开发人员快速启动这项工作，微软官方给所有开发人员提供了一年免费的开发者账号，申请地址为https://dev.office.com/

devprogram，如图1-24所示。

图 1-24

申请时需要提交一些信息，申请后很快会收到一封确认邮件，里面有一个注册链接（带有优惠码），注意要将这个链接在浏览器的私有模式下打开，然后按照提示设置账号，很快就会拥有一个完整的Office 365的环境，如图1-25所示。

图 1-25

之所以建议将链接在浏览器的私有模式下打开，是考虑到有不少读者可能已经有正式在用的Office 365账号，如果不是在私有模式下打开，浏览器会提示账号已经存在，不能重复申请之类的信息。即使已经有了Office 365的账号，也最好重新申请一个一年免费的开发者账号，以获得与其他用户一致的体验。

值得注意的是，申请下来的环境其实带有5个Office 365 E3 Developer的License，也就是说，你甚至还可以邀请4位同事（或朋友）组成一个团队进行开发测试，如图1-26所示。

注意，这里申请的是国际版的Office 365 E3，绝大部分功能与国内版的Office 365 E3是一致的，后续介绍中如果涉及功能不一致的地方会有所提示。

图 1-26

有了 Office 365 的账号，就同时拥有了在多个设备安装 Office 365 ProPlus 的权利，同时还有很多有意思的服务。（请自行安装，后续开发期间将不再对此进行介绍。）

1.4.2　客户端开发环境介绍

介绍完服务端的环境（ Office 365 ），接下来讲解客户端开发的环境。

本节的动手练习将基于以下两个主要的开发环境进行介绍。

1. Visual Studio 2017 Community

2017 年 3 月初发布的 Visual Studio 2017 家族包括 Enterprise、Professional 及 Community 这 3 个主要版本。值得注意的是，Community 这个版本是免费的，而 Office 365 的开发是完全受 Community 版本支持的。

在 Viusal Studio 2017 中开发 Office 365 应用，一个明显的感觉就是方便，模板和向导做得非常到位，如图 1-27 所示，开发人员可以将主要的精力放在业务功能上。

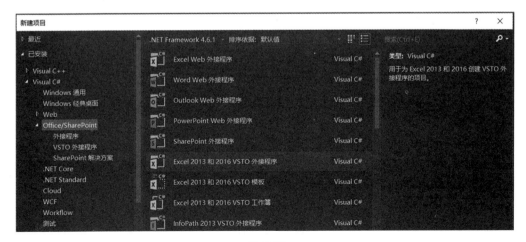

图 1-27

2. Visual Studio Code

下面要特别介绍一个跨平台的免费开发工具——Visual Studio Code，如图1-28所示。所谓跨平台，是指这个特殊的Visual Studio不仅可以在Windows系统中运行，还可以在Mac、Linux系统中运行，同时也能很好地支持开源的开发平台，如NodeJS。

图 1-28

Visual Studio Code是我非常喜欢的一款编辑器，而它对于Office 365 Add-ins开发的支持让我感到非常惊喜。

下面列出了所有客户端需要的软件环境。

（1）Windows 10企业版或专业版，推荐64位。

（2）Office 365 ProPlus完整安装。

（3）Visual Studio Community完整安装。

（4）Visual Studio Code。

（5）Node（安装一些配套的npm模块，如yo、gulp等）。

值得一提的是，如果开发人员能单独拥有一台开发机器，效果将会更加理想。我的做法是，在Azure中申请一台虚拟机来做本书中的演示代码的开发和调试。当然，如果没有Azure的资源，在本地使用Hyper-V或其他类似技术来实现也可以。

Azure提供了一个Visual Studio Community 2017 on Windows 10 Enterprise的虚拟机模板，为开发人员快速搭建开发环境提供了极大的帮助。使用云端虚拟机的一个好处是随时随地都可以访问它，当然这会产生一定的费用，为了避免费用过高，可以只在使用时启动该虚拟机。

第2章

基于Microsoft Graph这套统一的API，开发人员可以调用Office 365中提供的丰富多样的服务，在自己的应用程序中进行整合，为用户提供更多的价值。这种开发场景特别适用于在现有的应用系统中集成Office 365的功能。本章将介绍以下内容。

1. Microsoft Graph 概述。

2. 通过工具快速体验 Microsoft Graph。

3. 应用程序注册。

4. Microsoft Graph 应用程序开发实战。

第 2 章 Microsoft Graph 开发

2.1 Microsoft Graph 概述

在了解了如何搭建Office 365开发环境之后，本节将介绍一个非常重要的概念——Microsoft Graph。之所以说它重要，不仅因为它是未来Office 365对外的统一接口（甚至可以说是未来微软云服务对外的统一接口），还因为Microsoft Graph对于不少Office 365的开发人员来说是一道需要先跨过去的门槛。只有这一关通过了，后续进行针对性的开发（如Office Add-in、SharePoint Add-in、Office 365 Connector等）才能更加得心应手。

如图2-1所示，Microsoft Graph是一套接口。它的名称经过几次变更后最终确定为Microsoft Graph，这大概是因为产品组将其定位于日后微软云服务对外的统一接口层，包括但不限于Office 365、LinkedIn及Dynamics 365等。

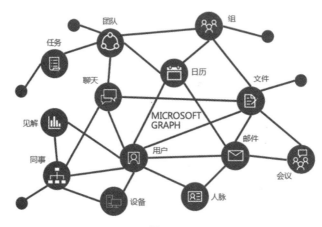

图 2-1

目前Microsoft Graph包含的实体主要有用户、文档、邮件、消息、日历、会议及联系人等，而且每月都有新功能被加入，或者有旧功能被改进。

目前Microsoft Graph对外的稳定版本是v1.0，但同时还有一个在不断更新的beta版本。它们的访问地址略有不同，前者为https: //graph.microsoft.com /v1.0/{resource}?[query_parameters]，后者为https://graph.microsoft.com/beta/{resource}?[query_parameters]。

Microsoft Graph是一套RESTful的接口，它的所有接口都可以通过标准的http方法（GET、POST、PUT、DELETE）直接访问，而且还可以通过改变URL的参数来进行筛选、排序及分页等操作，它返回的数据是标准的JSON格式。这种特性决定了Microsoft Graph是跨开发平台的。目前官方提供的Code Sample和SDK有10种，但实际上，任何能发起http请求并能解析JSON数据的开发平台和语言都能调用Microsoft Graph，如图2-2所示。

RESTful的接口调用具有便利性与安全性。Microsoft Graph采用Azure AD来进行身份验证，所有的服务请求在调用之前都必须取得合法的授权。目前Azure AD支持互联网上最流行的OAuth身份验证方式。

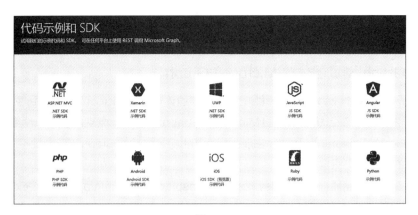

图 2-2

02章

这里还需要讲解一下微软的身份账号系统。在很多企业内部，微软的 AD（Active Directory，活动目录）使用相当广泛，它是企业资源的身份账号系统。由于历史原因，微软在云端的身份账号系统（Azure AD）一直有两套：一套是个人账号（也称为 Microsoft Account），就是大家常见的 hotmail.com、outlook.com 这类账号，也可以将个人的邮箱地址注册为 Microsoft Account；另一套就是随着微软成功推出 Azure 和 Office 365 等公有云服务，给企业用户提供的工作账号（或学校账号），称为 Work or School Account。在当前讨论的 Microsoft Graph 开发的上下文中，我们将纯粹面向工作或学校账号的 Azure AD 服务端点称为 Azure AD 1.0（或称为 Azure AD）；而将既支持个人账号，也支持企业或学校账号的 Azure AD 服务端点称为 Azure AD 2.0。

那么开发人员的应用程序需要访问哪些 Microsoft Graph 资源才能得到认证呢？答案是：在 Azure AD 中对应用程序进行注册，并且申请权限。

图 2-3 有助于理解 Microsoft Graph 的整体架构。

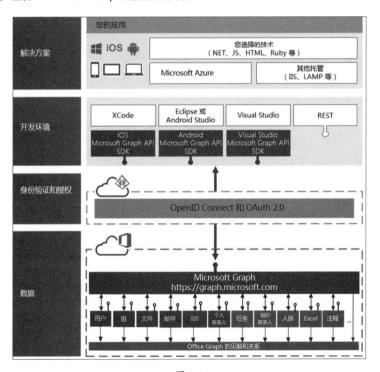

图 2-3

2.2 通过工具快速体验 Microsoft Graph

2.2.1 通过 Graph 浏览器体验 Microsoft Graph

2.1节介绍了Microsoft Graph的基本概念，下面来快速体验一下Microsoft Graph到底能做什么。

为了帮助开发人员直观且快速地体验Microsoft Graph的魅力，微软提供了一个专门的工具——Graph 浏览器（Graph Explorer）。同时，由于国际版和世纪互联版的Graph接口地址不同，所以这两个版本也有其对应的Graph浏览器。

（1）国际版Graph 浏览器：https://developer.microsoft.com/zh-cn/graph/graph-explorer。

（2）世纪互联版 Graph 浏览器：https://developer.microsoft.com/zh-cn/graph/graph-explorer-china。

本节用国际版Graph浏览器来进行演示。两者的功能及使用流程类似，具体的差异在于世纪互联版的某些接口还在开发当中。

下面简单演示5个场景，帮助大家理解Microsoft Graph API及其工作原理。

⊃ 登录 Graph 浏览器

通过https://developer.microsoft.com/zh-cn/graph/graph-explorer打开Graph浏览器，单击"登录"按钮，使用国际版Office 365账号登录，如图2-4所示。

图 2-4

登录页面如图2-5所示。注意，第1章已经介绍了如何申请一个为期一年的免费Office 365开发者账号。

输入正确的账号和密码后，单击"确定"按钮，系统将引导用户进行授权确认，如图2-6所示。只有单击"接受"按钮，Graph浏览器才能真正访问到用户的数据。这种授权方式其实就是OAuth的标准机制：Graph浏览器作为一个独立的应用，并不需要保存用户的Office 365账号信息，它可以在得到用户授权之后，代表用户去访问Graph后台所连接的资源，包括Office 365的数据。

图 2-5　　　　　　　　　　　　　　　　　　图 2-6

⊃ 查询当前用户的基本信息

完成授权登录后，就可以使用Microsoft Graph的服务了。图2-7展示了如何获取当前用户的基本信息。

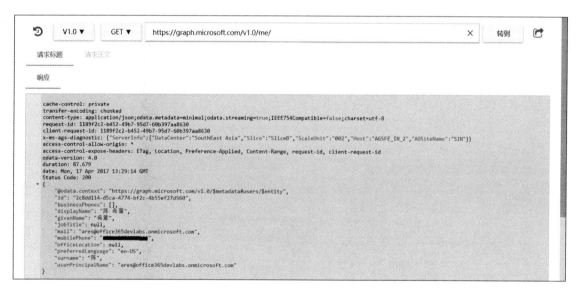

图 2-7

Microsoft Graph的服务是RESTful的，具体表现为：只需要一个URL即可发起服务请求（本例为https://graph.microsoft.com/v1.0/me/），使用方法是标准的http方法（如GET、POST等），同时，它的返回结果也是业界应用最广的JSON格式。

⊃ 查询当前用户的个人网盘文件列表

输入 https://graph.microsoft.com/v1.0/me/drive/root/children，单击"转到"按钮，可以查询当前用户的个人网盘（OneDrive for Business）文件列表，如图2-8所示。

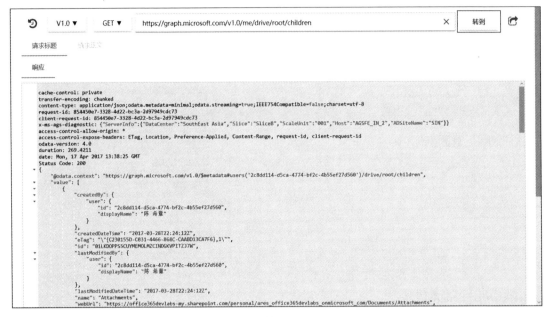

图 2-8

查询当前用户收件箱中的前 10 条邮件信息

使用 Microsoft Graph，在得到用户授权的前提下，应用程序可以读取用户的邮件列表，所使用的服务请求地址是 https://graph.microsoft.com/v1.0/me/messages，如图 2-9 所示。

图 2-9

默认情况下，这个查询只会返回前 10 条邮件信息，并且不区分邮件目录。如果需要获取特定邮箱目录的邮件信息，可打开这个地址：https://graph.microsoft.com/v1.0/me/mailFolders/inbox/messages。

如果想对返回结果集做筛选、排序，可打开下列地址：①只选择前 5 封邮件，https://graph.

microsoft.com/v1.0/me/messages?skip=5&take=10；②按照发件人邮件地址排序，https://graph.
microsoft.com/v1.0/me/messages?$orderby=from/emailAddress/address。

　　更多查询参数，可参考 https://developer.microsoft.com/zh-cn/graph/docs/overview/query_parameters。

⊃ **发送邮件**

　　前面演示的几个场景都是查询，实际上 Microsoft Graph 的功能远不止于此。它可以在用户授权下
进行某些操作，如接下来要演示的发送邮件。

　　这里需要用到的 API 是 https://graph.microsoft.com/v1.0/me/sendmail，这个接口需要使用 POST
方法来调用，要发送的邮件内容需要通过 JSON 格式进行定义，具体代码如下。

```
{
  "message: {
    "subject": "Welcome to Microsoft Graph",
    "body": {
      "contentType": "Text",
      "content": "Welcome to Microsoft Graph world."
    },
    "toRecipients": [
      {
        "emailAddress": {
          "address": "ares@office365devlabs.onmicrosoft.com"
        }
      }
    ],
    "ccRecipients": [
      {
        "emailAddress": {
          "address": "ares@xizhang.com"
        }
      }
    ]
  },
  "saveToSentItems": "true"
}
```

　　如果发送成功，返回状态码为 202，如图 2-10 所示。反之，则会提示详细的错误信息。

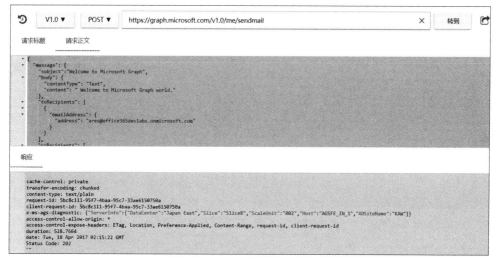

图 2-10

2.2.2　通过 tokenPlease( ) 函数获取 access token

Postman工具有时无法正常获取access token，具体原因不明。后来遇到了微软总部做Graph的产品组的同事，了解到他们正考虑在Graph Explorer中增加一个功能，可以直接根据当前界面中登录的用户身份及选择的权限集合来获取一个access token，可以直接用于Postman这类第三方工具中。

下面通过一个实例来演示这个功能。图2-11所示的是Graph Explorer自带的开发工具（一般通过按"F12"键激活）。使用某个账号登录后，确保选择了必要的权限，然后在开发工具的Console窗口中输入"tokenPlease( )"，再按回车键即可得到一串很长的内容，这就是access token，如图2-11所示。

图 2-11

可以直接将得到的access token用于Postman这类工具中，如图2-12所示。

图 2-12

注意，这里选择的Authorization类型是Bearer Token，然后将刚才得到的access token粘贴过来即可。为了让access token能够在多个请求中共用，还可以将其添加为一个Globals的环境变量，如图2-13所示。

图 2-13

有了环境变量，就可以在请求中通过图2-14所示的方式进行调用了。

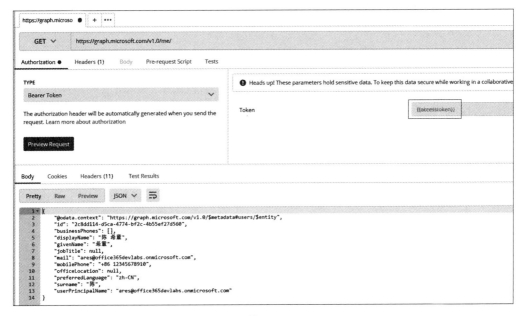

图 2-14

有了access token，开发人员在不同的工具中进行Graph的测试时就会方便很多。除了Postman外，大家用得比较多的Fiddler也可以轻松地发起Graph的调用，如图2-15所示。

图 2-15

可能有人会担心存在安全问题，其实，只要用户自己没有将access token分发出去，就不会存在安全问题，而且access token的有效期只有2小时。

2.3 应用程序注册

2.3.1 注册 Azure AD 应用程序

开发人员访问Microsoft Graph前，需要先注册一个应用程序，上文提到的Graph Grplorer是一个特例，因为这个应用程序是微软官方已经注册好的。

目前Microsoft Graph的应用程序注册有两种方式：一种是注册Azure AD应用程序，仅适用于开发人员希望用户能授权访问其工作或学习账号的情况；另一种是注册Azure AD 2.0应用程序，适用于开发人员既希望用户能授权访问其工作或学习账号，也能授权访问其个人账号的情况。

前者也称为Azure AD 1.0。从趋势上来说，后者将逐渐全面取代前者，成为日后主要的方式。但就目前而言，Azure AD2.0中所提供的服务数量还没有Azure AD1.0多，如图2-16所示。

	Azure AD 终结点	Azure AD v2.0 终结点
支持的授权类型	授权代码 隐式 客户端凭据 资源所有者密码凭据	授权代码 隐式 客户端凭据
支持的应用类型	Web 应用 Web API 移动和本机应用 单页应用 (SPA) 独立 Web API 守护程序/服务器端应用 详细信息	Web 应用 Web API 移动和本机应用 单页应用 (SPA) 守护程序/服务器端应用 详细信息
条件访问设备策略	支持	目前尚不支持
兼容 OAuth 2.0 和 OpenID Connect	否	是
权限	静态：应用注册期间已指定	动态：应用运行时期间请求；包括增量许可
帐户类型	工作或学校	工作或学校 个人
应用程序 ID	各个平台的单独应用程序 ID	多个平台的单个应用程序 ID
注册门户	Microsoft Azure 管理	Microsoft 应用程序注册
客户端库	适用于大多数开发平台的 Active Directory 身份验证 (ADAL) SDK	Microsoft 身份验证库（预览） 开放源代码 OAuth 2.0 库（列表）
其他功能	Azure AD 用户的组声明 应用程序角色和角色声明	

图 2-16

⊃ 创建应用程序

前面已经介绍过，Microsoft Graph的基础之一是Azure AD，所以第一步需要使用Office 365账号登录Azure管理中心（地址为https://portal.azure.com），选择左侧的"Azure Active Directory"选项，然后选择"应用注册"选项，如图2-17所示。

图 2-17

接着单击"新应用程序注册"按钮，如图2-18所示。

图 2-18

输入必要的信息后，单击"创建"按钮即可创建一个新的应用程序，如图2-19所示。

图 2-19

Auzre AD应用程序有两种主要类型，一种是Web应用/API，另一种是"本机"应用。前者指的是网站或服务站点，后者指的是桌面应用或移动应用。如果选择前者，需要提供登录URL，并填写对应网站真正的登录路径；如果选择后者，则需要提供重定向URL，这个地址可以随便填写，如http://localhost。

创建好的应用程序如图2-20所示。

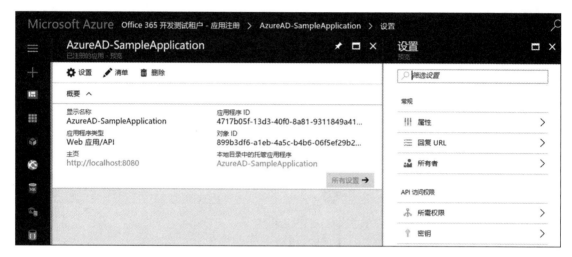

图 2-20

⊃ 申请权限

接下来需要为这个应用程序申请必要的权限。先按照图2-21所示的步骤从左到右进行操作。

图 2-21

然后在委派权限中选择图2-22所示的4个权限。

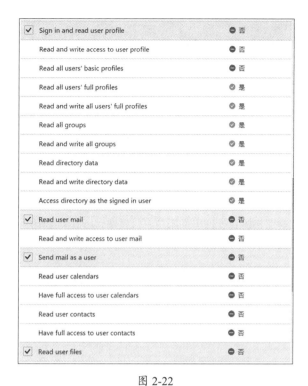

图 2-22

⇨ 创建密钥（可选）

　　这一步并不是必需的。一般情况下，在调用 Microsoft Graph 之前，都会弹出（或跳转到）指定的页面，要求用户输入账号信息，并且亲自确认授权。但如果应用程序是一个后台的服务，它需要一直运行，而且没有交互界面，这种情况下就需要创建一个密钥，同时采用 Client Credential 的方式获得授权。

　　创建密钥很简单，只需要按照图 2-23 所示的步骤从左到右进行操作，指定名称和时效后单击"保存"按钮，就会自动生成一个密钥。

图 2-23

　　注意，这个密钥必须马上复制并妥善保存，因为刷新页面后就不可查看了，如图 2-24 所示。

图 2-24

如果是为后台服务类应用程序进行注册，那么除了创建密钥外，还需要为应用程序申请"应用程序权限"，而不是"委派权限"。委派指的是代理当前用户进行操作，所以需要用户进行交互式授权。而"应用程序权限"则与具体的某个用户无关，是直接授予应用程序的权限，如图2-25所示。

图 2-25

2.3.2　注册 Azure AD 2.0 应用程序

前面介绍了Microsoft Graph应用程序的一些概念，以及目前使用比较普遍的Azure AD 1.0应用程序的注册方式。虽然其功能还在不断完善当中，但Azure AD 2.0将会逐渐成为主流，它有以下几个优势。

（1）Azure AD 2.0应用程序既支持访问工作或学习账号，也支持访问个人账号。

（2）注册Azure AD 2.0应用程序不需要访问目标用户的Azure AD，是在一个独立的平台注册的。也就是说，这种应用程序是Multi Tenant模式的，有更高的复用性。

（3）Azure AD 2.0应用程序的权限是动态申请的，有利于应用程序升级，并且能够简化部署和管理。

（4）微软为Azure AD 2.0应用程序提供了更高级的开发工具支持，在大部分开发平台都提供了SDK。

⊃ 创建应用程序

微软提供了一个独立的应用管理平台，可使用个人账号（Microsoft Account）登录 https://apps.dev.microsoft.com进行访问，然后单击"Add an app"按钮，如图2-26所示。

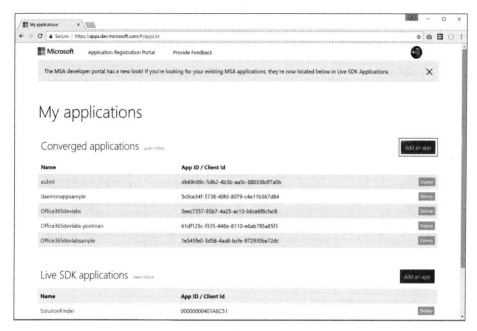

图 2-26

在弹出的页面中单击"Create applicatian"按钮，如图2-27所示。

图 2-27

在详细页面先单击"Generate New Password"按钮生成密钥，再单击"Add Platform"按钮添加相关的平台支持，如图2-28所示。

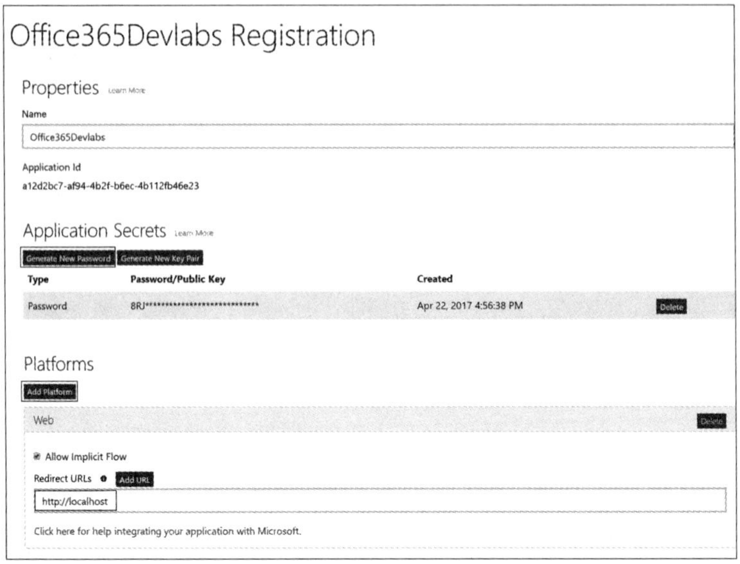

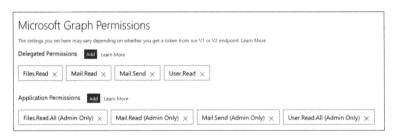

图 2-28

⮞ **授予权限**

　　同样，我们也需要为这个应用程序授予权限，如图 2-29 所示。Azure AD 2.0 应用程序的授权部分相对来说更加简单，而且提出了一个更新的概念——scope，后续开发实际项目时会讲解。

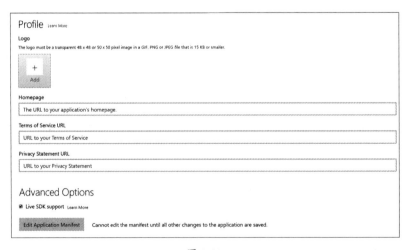

图 2-29

⮞ **其他设置**

　　在应用程序的详细页面中还能看到一些其他的可配置项，如图 2-30 所示，但它们并不是必需的。

图 2-30

2.3.3　中国版 Office 365 应用程序注册

中国版Office 365是由世纪互联运营的一个云服务，单从技术角度来看，它基本保持了与国际版的同步。但是由于两个版本在本质上是完全独立的，其中最关键的就是账号系统是分开的，因此从使用角度来看，不管是用户还是开发人员，都会有小小的差异。

就应用程序的注册而言，中国版Office 365有几个特点：一是注册地址与国际版不同；二是目前仅支持Azure AD 1.0；三是功能和用法与国际版略有差异。

◐ **注册应用程序**

首先需要登录https://portal.azure.cn进行中国版Office 365应用程序的注册，如图2-31所示，然后选择界面左侧的"Azure Active Directory"选项。

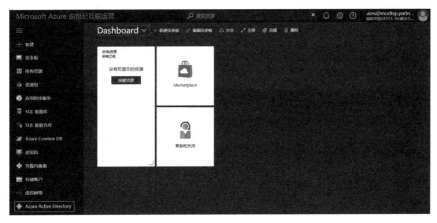

图 2-31

在弹出的页面中，既可以管理当前用户的活动目录，也可以看到注册好的应用程序列表，如图2-32所示。单击界面下方的"添加"按钮，系统会引导用户进行应用程序的注册。

图 2-32

引导窗口如图2-33所示。

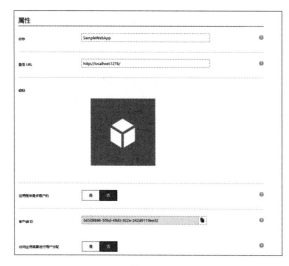

图 2-33

图2-34和图2-35所示的是一个配置好的应用程序截图。如果对配置项有疑问，可以单击问号按钮查看详细信息。

图 2-34   图 2-35

⊃ 功能和用法的差异

在用法上，中国版Office 365与国际版Office 365相比，主要是登录地址不同，如图2-36所示。

图 2-36

二者在功能上确实还存在一些差距，但这个差距会越来越小。详细情况如图2-37所示。

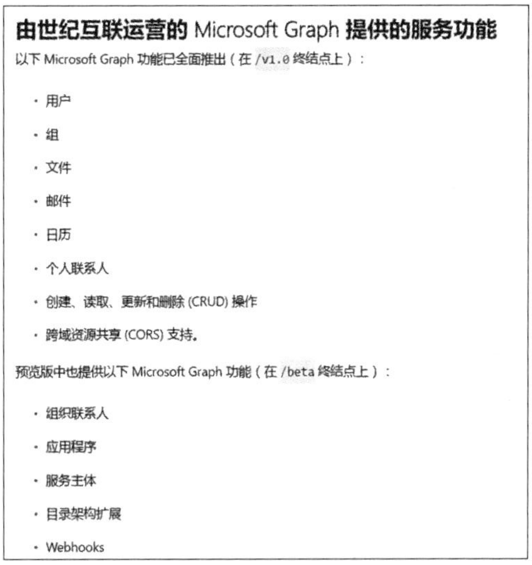

由世纪互联运营的 Microsoft Graph 提供的服务功能

以下 Microsoft Graph 功能已全面推出（在 /v1.0 终结点上）：

- 用户
- 组
- 文件
- 邮件
- 日历
- 个人联系人
- 创建、读取、更新和删除 (CRUD) 操作
- 跨域资源共享 (CORS) 支持。

预览版中也提供以下 Microsoft Graph 功能（在 /beta 终结点上）：

- 组织联系人
- 应用程序
- 服务主体
- 目录架构扩展
- Webhooks

图 2-37

2.3.4 通过 PowerShell 创建应用程序并定义服务和权限声明

我个人很喜欢PowerShell，尤其是用来管理Azure AD及Office 365时，它总是能做到事半功倍，本小节介绍的是使用PowerShell完成创建应用程序及授权的细节。

为了演示下面的功能，需要准备以下软件环境。

首先，在操作系统为Windows 10的机器上安装以下组件。

（1）Microsoft Online Service Sign-in Assistant for IT Professionals，下载地址为https://go.microsoft.com/fwlink/p/?LinkId=286152。

（2）Azure Active Directory Connection，下载地址为http://connect.microsoft.com/site1164/Downloads/DownloadDetails.aspx?DownloadID=59185 1。

其次，在本地用管理员身份打开PowerShell窗口，并运行下面的命令：

```
Install-Module -Name AzureAD
```

当然，还需要一个Office 365的管理员账号信息。

最后，为了验证是否已成功安装以上组件，需要重新打开一个PowerShell窗口，并运行下面的命令：

```
$credential=Get-Credential
# 此时会弹出一个登录框，输入 Office 365 管理员账号和密码信息，如果没有错误则继续
Connect-AzureAD-Credential $credential-AzureEnvironmentName AzureChinaCloud
# 如果没有错误则继续
Get-AzureADApplication
```

备注：上面的“AzureEnvironmentName”如果设置为“AzureChinaCloud”，是特指世纪互联版本的Azure。如果是国际版，则可以省略这个参数。

➲ 查询所有的服务定义信息

需要通过脚本获取当前Azure AD中已经定义好的服务信息：

```
Get-AzureADServicePrincipal
```

正常情况下会返回一个非常长的表格结果，但其实我们一般最关注的就是表2-1中的Microsoft Graph服务。

表2-1 服务定义信息表

ObjectId	AppId	DisplayName
3319d71d-8dfc-42ff-8fa0-0aa64f553350	00000003-0000-0000-c000-000000000000	Microsoft Graph

⊃ 查询服务的权限信息

有了服务的基本信息，就可以查询它的详细信息了，尤其是权限定义部分的信息：

```
$graph=Get-AzureADServicePrincipal-ObjectId 3319d71d-8dfc-42ff-8fa0-
0aa64f553350
# 这个命令将 Microsoft Graph 服务定义保存为一个变量
$graph | fl *
#  这个命令将显示详细信息
```

详细信息如图2-38所示。

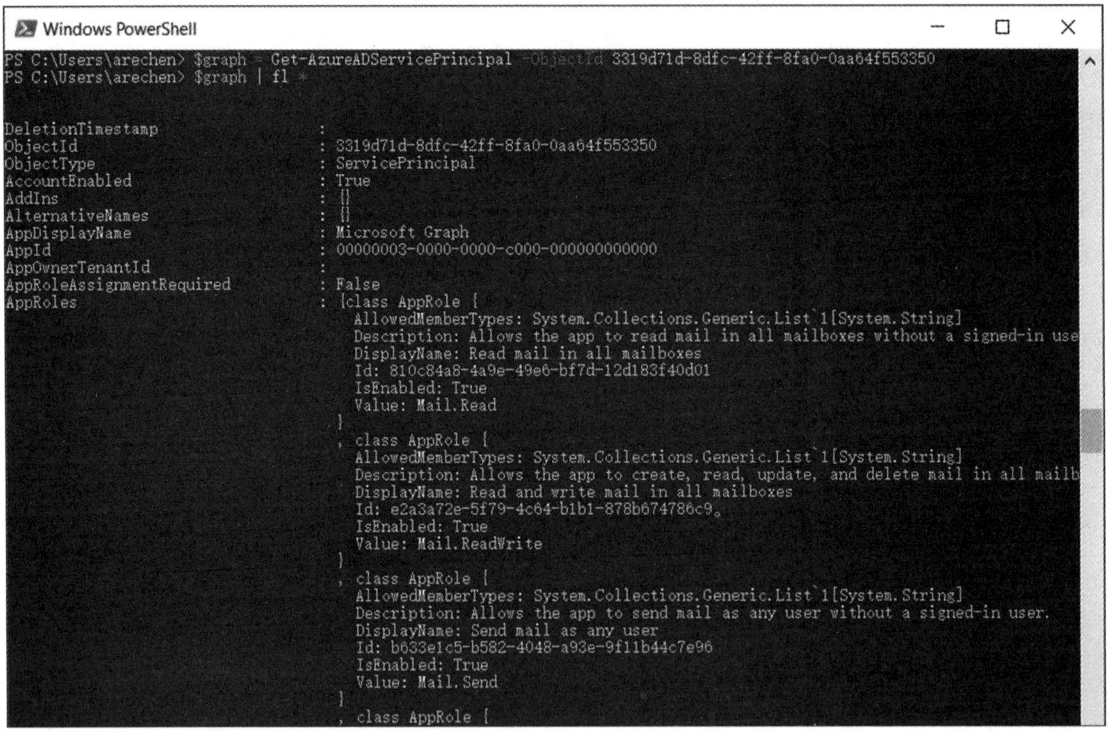

图 2-38

下面演示如何将它的两类权限分别列举出来。

```
$graph.Oauth2Permissions
# 这个命令会列举出所有的用户模拟权限（略）
$graph.AppRoles
# 这个命令会列举出所有的应用权限（略）
```

⊃ 创建应用程序

创建应用程序的 PowerShell 命令是 New-AzureADApplication，其详细用法可参考 https://docs.microsoft.com/en-us/powershell/module/azuread/new-azureadapplication?view=azureadps-2.0。

```
$app=New-AzureADApplication-DisplayName"yourapplicationname"-ReplyUrls
"https://websample.com/replyurl"-Homepage"https://websample.com" -
IdentifierUris"https://websample.com"
# 这个命令用来创建 Web 应用程序
$app=New-AzureADApplication-DisplayName "yourapplicationname"-PublicClient
$true
# 这个命令用来创建本地应用程序，设置 PublicClient 属性为 true 即可
$app
# 请保存 App 的具体信息，尤其是 AppId
```

⊃ 创建密钥

如果创建的是 Web 应用程序，还需要为应用程序创建密钥。这里用到的 PowerShell 命令是 New-AzureADApplicationPasswordCredential。

```
New-AzureADApplicationPasswordCredential-ObjectId $app.ObjectId
# 正常情况下，会返回一个为期一年的密钥信息
CustomKeyIdentifier:
EndDate      :  7/12/2018 10:25:28 AM
KeyId        :
StartDate    :  7/12/2017 10:25:28 AM
Value        :  /TD0rbE5gwm/a6TGqUhqVY46LA16rir6Zwm7pK69prI=
# 保存这个 Value 信息
```

⊃ 绑定服务和设定权限

我们已经创建了应用程序，也申请了一个密钥，下面就是最关键的环节——为应用程序绑定服务并设定权限。下面这个代码段是创建好的 Web 应用程序，并且为其申请了 4 个 delegated permission。

```
$graphrequest=New-Object-TypeName"Microsoft.Open.AzureAD.Model.
RequiredResourceAccess"
$graphrequest.ResourceAccess=New-Object-TypeName"System.Collections.
Generic.List[Microsoft.Open.AzureAD.Model.ResourceAccess]"
$ids=@("024d486e-b451-40bb-833d-3e66d98c5c73","e383f46e-2787-4529-855e-
0e479a3ffac0","e1fe6dd8-ba31-4d61-89e7-88639da4683d","b340eb25-3456-403f-
be2f-af7a0d370277")
foreach($id in $ids){
    $obj=New-Object-TypeName"Microsoft.Open.AzureAD.Model.ResourceAccess"-
ArgumentList $id,"Scope"
# 如果是 AppRole 权限，则第二个参数为 Role
    $graphrequest.ResourceAccess.Add($obj)
$graphrequest.ResourceAppId="00000003-0000-0000-c000-000000000000"
Set-AzureADApplication-ObjectId $app.ObjectId-RequiredResourceAccess
($graphrequest)
# 这句命令的 RequiredResourceAccess 参数中可以有多个对象
```

2.4 Microsoft Graph 应用程序开发实战

2.4.1 Microsoft Graph 桌面应用程序

这里所说的桌面应用程序，特指在Windows桌面上直接运行的.NET应用程序，包括Console Application、WPF Application、Windows Forms Application及UWP Application。下面以Console Application为例进行演示，虽然它们的表现形式不同，但本质上是类似的。

⊃ 注册 Microsoft Graph 应用程序

在进行编程之前，需要注册Microsoft Graph应用程序。这里针对国际版采用Azure AD 2.0方式进行注册，而针对中国版采用Azure AD 1.0方式进行注册。这两种方式的详细操作步骤及注册好的范例应用程序如图2-39和图2-40所示。

（1）注册国际版Microsoft Gnaph应用程序。

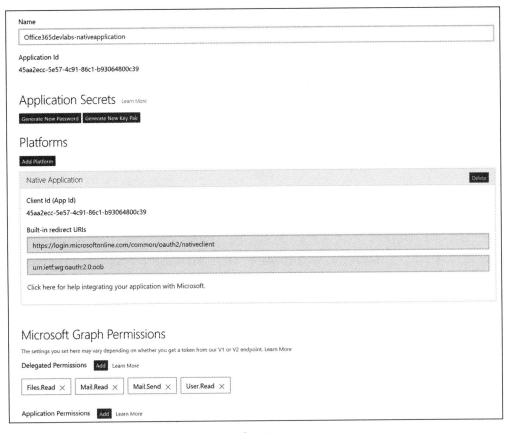

图 2-39

（2）注册中国版Microsoft Graph应用程序。

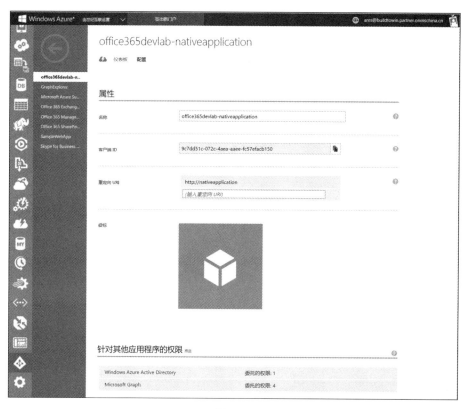

图 2-40

○ 创建 Console Application

可以通过 Visual Studio 快速创建一个 Console Application，如图 2-41 所示。

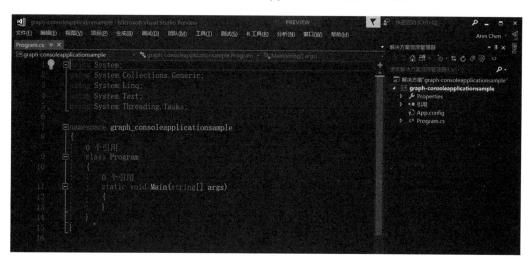

图 2-41

○ 考虑安全认证功能

之前已经提过如何分 3 个步骤来实现 Microsoft Graph 应用开发：第一步是注册应用程序，第二步是进行身份认证，第三步是调用应用程序。

图 2-42 所示的是 Azure AD 2.0 支持的 OAuth 认证流程。

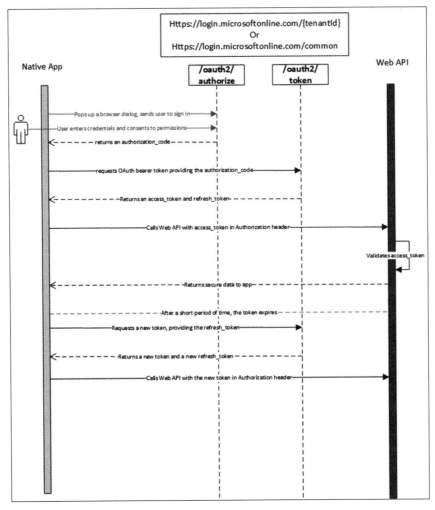

图 2-42

OAuth 认证一般分为以下 3 个步骤。

（1）客户端代表用户发起认证请求（通常是 /authorize 这个地址），然后会跳转到 Office 365 的登录页面，让用户输入账号和密码。

（2）如果用户提供了正确的账号和密码并确认授权，Azure AD 会向注册应用程序时提供的回调地址（redirectURL）POST 一个请求，附上一个 code，应用程序需要继续用这个 code 发起一个请求，申请访问令牌（通常是 /token 这个地址）。

（3）客户端得到令牌（Access_Token），就可以代表用户访问 Microsoft Graph 的资源（通常是放在请求的头部里面）。需要注意的是，通常令牌都是有一定时限的，Micrsoft Graph 的令牌默认为 1 小时内有效。过期前可以通过一定的方式刷新令牌。

为了减少开发人员的工作量，并且尽量标准化，Microsoft Graph 针对不同的平台和语言都有对应的 SDK，如图 2-43 所示。

具体到本节的目标，如果 Office 365 是国际版，可以使用 Microsoft Graph Client Library（https://www.nuget.org/packages/Microsoft.Graph/），如图 2-44 所示；也可以使用 Microsoft Authentication Library（https://www.nuget.org/packages/Microsoft.Identity.Client/1.0.304142221-alpha）。

图 2-43

图 2-44

如果是中国版，可以使用Active Directory 身份验证库（https://docs.microsoft.com/zh-cn/azure/active-directory/develop/active-directory-authentication-libraries），如图2-45所示。

图 2-45

◯ 实现国际版 Microsoft Graph 调用

首先，运行下面的命令，安装前面提到的两个Library，并进行更新。

```
Install-Package Microsoft.Graph
Install-Package Microsoft.Identity.Client -IncludePrerelease
Update-Package
```

接下来需要编写一个方法，封装Graph Authentication这个步骤。

```
class GraphAuthenticator : IAuthenticationProvider
{
    static string token;
    static DateTimeOffset Expiration;
    public async Task AuthenticateRequestAsync(HttpRequestMessage request)
    {
```

```
         string clientID = "45aa2ecc-5e57-4c91-86c1-b93064800c39";// 这个 ID
是我创建的一个临时 App ID，请替换为自己的 ID
        string[] scopes = { "user.read", "mail.read", "mail.send"};
        var app = new PublicClientApplication(clientID);
        AuthenticationResult result = null;
        try
        {
            result = await app.AcquireTokenSilentAsync(scopes);
            token = result.Token;
        }
        catch (Exception)
        {
                if (string.IsNullOrEmpty(token) || Expiration <=
DateTimeOffset.
UtcNow.AddMinutes(5))
            {
                result = await app.AcquireTokenAsync(scopes);
                Expiration = result.ExpiresOn;
                token = result.Token;
            }
        }
        request.Headers.Add("Authorization", $"Bearer {token}");
    }
}
```

有了这个类，接下来要调用 Microsoft Graph 就很容易了，可参考下面的代码：

```
var client = new GraphServiceClient(new GraphAuthenticator());
// 创建客户端代理
var user = client.Me.Request().GetAsync().Result;
// 获取当前用户信息
Console.WriteLine(user.DisplayName);
var messages = client.Me.Messages.Request().GetAsync().Result;
// 获取用户的前 10 封邮件
foreach (var item in messages)
{
    Console.WriteLine(item.Subject);
}
client.Me.SendMail(new Message()
// 发送邮件
{
    Subject = "调用 Microsoft Graph 发出的邮件",
    Body = new ItemBody()
    {
        ContentType = BodyType.Text,
        Content = "这是一封调用了 Microsoft Graph 服务发出的邮件，范例参考
https://github.com/chenxizhang/office365dev"
    },
    ToRecipients = new[]
    {
        new Recipient()
        {
                EmailAddress = new EmailAddress(){ Address ="ares@
office365devlabs.onmicrosoft.com"}
        }
```

```
    }
}, true).Request().PostAsync();
Console.Read();
```

完整代码可参考 https://github.com/chenxizhang/office365dev/blob/master/samples/graph-consoleapplicationsample/graph-consoleapplicationsample/Program.cs。

现在可以运行这个应用程序了，效果如图2-46所示。

输入自己的Office 365账号和密码（注意，需要是国际版的），然后单击"Sign In"按钮，Microsoft Graph将引导用户确认授权，如图2-47所示。

图 2-46 　　　　　　　　　　　　　　图 2-47

如果输入正确，就可以在控制台窗口中看到当前登录的用户信息及10个邮件标题等信息了。

⊃ VB.NET 的代码范例

由于在网络上找一些VB或VB.NET的代码范例比较难，因此这里特别提供了一个VB.NET的代码范例。

```
Imports System.Net.Http
Imports Microsoft.Graph
Imports Microsoft.Identity.Client
''' <summary>
''' 这个是国际版 Microsoft Graph 的客户端应用程序范例
''' 作者: 陈希章
''' 时间: 2017 年 3 月 23 日
''' </summary>
Module Module1
    Sub Main()
            Dim serviceClient = New GraphServiceClient(New
GraphAuthenticator())
        Dim user = serviceClient.Me.Request.GetAsync().Result
        '获取用户基本信息
        Console.WriteLine(user.DisplayName)
        Console.WriteLine(user.Mail)
        '获取用户的邮件列表
        Dim messages = serviceClient.Me.MailFolders.Inbox.Messages.
Request.GetAsync().Result
```

```vbnet
            For Each item In messages
                Console.WriteLine(item.Subject)
            Next
            '发送邮件
            serviceClient.Me.SendMail(New Message() With {
                .Subject = "调用 Microsoft Graph 发出的邮件 (VB.NET)",
                .Body = New ItemBody() With {
                    .Content = "这是一封调用 Microsoft Graph 服务发出的邮件，范例参考
https://github.com/chenxizhang/office365dev",
                    .ContentType = BodyType.Text
                },
                .ToRecipients = New List(Of Recipient) From {
                    New Recipient() With {.EmailAddress = New EmailAddress()
With {.Address = "ares@office365devlabs.onmicrosoft.com"}}
                }
            }, True).Request.PostAsync()
            Console.Read()
    End Sub
    Public Class GraphAuthenticator
        Implements IAuthenticationProvider
        Shared token As String
        Shared Expiration As DateTimeOffset
        Public Async Function AuthenticateRequestAsync(request As
HttpRequestMessage) As Task Implements IAuthenticationProvider.
AuthenticateRequestAsync
            Dim clientID As String = "45aa2ecc-5e57-4c91-86c1-b93064800c39"
'这个 ID 是我创建的一个临时 AppID，请替换为自己的 ID
            Dim scopes As String() = {"user.read", "mail.read", "mail.
send"}
            Dim app As PublicClientApplication = New PublicClientApplication(
clientID)
            Dim result As AuthenticationResult
            Try
                result = Await app.AcquireTokenSilentAsync(scopes)
                token = result.Token
            Catch ex As Exception
                If (String.IsNullOrEmpty(token) OrElse Expiration <=
DateTimeOffset.UtcNow.AddMinutes(5)) Then
                    result = app.AcquireTokenAsync(scopes).Result
                    Expiration = result.ExpiresOn
                    token = result.Token
                End If
            End Try
            request.Headers.Add("Authorization", $"Bearer {token}")
        End Function
    End Class
End Module
```

○ 实现中国版 Microsoft Graph 调用

接下来看一下中国版 Microsoft Graph 在调用方面与国际版 Microsft Graph 有什么不同。

首先，安装下面的 Package。

```
Install-Package Microsoft.IdentityModel.Clients.ActiveDirectory
Update-Package
```

其次，编写一个自定义方法获取用户的访问令牌。

```
static async Task<string> GetAccess token()
{
    var appId = "9c7dd51c-072c-4aea-aaee-fc57efacb150";
    var authorizationEndpoint = "https://login.chinacloudapi.cn/common/
oauth2/authorize";
// 国际版是 https://login.microsoftonline.com/common/oauth2/authorize
    var resource = "https://microsoftgraph.chinacloudapi.cn";
// 国际版是 https://graph.microsoft.com
    var redirectUri = "http://nativeapplication";
// 其实这个应该去掉，但目前必须要填，而且要与注册时一样
    AuthenticationResult result = null;
    var context = new AuthenticationContext(authorizationEndpoint);
    result = await context.AcquireTokenAsync(resource, appId, new Uri(redirectUri),
new PlatformParameters(PromptBehavior.Always));
    return result.Access token;
}
```

再次，编写一个自定义方法发起 Microsoft Graph 请求。

```
/// <summary>
/// 定义这个方法用来进行 Rest 调用
/// </summary>
/// <param name="url"></param>
/// <param name="token"></param>
/// <returns></returns>
static async Task<string> InvokeRestReqeust(string url, string token)
{
    var client = new System.Net.WebClient();
    client.Headers.Add("Authorization", $"Bearer {token}");
    var result = await client.DownloadStringTaskAsync(url);
    return result;// 请注意，这里直接返回字符串型的结果，它是 JSON 格式的，有兴趣的读
者可以继续在这个基础上进行处理
}
```

最后，在主程序中组合使用这两个方法进行 Microsoft Graph 调用。

```
static void Main(string[] args)
{
    /// 获得用户的令牌
    var token = GetAccess token().Result;
    // 获得用户的基本信息
    var me = InvokeRestReqeust("https://microsoftgraph.chinacloudapi.cn/
v1.0/me", token).Result;
    Console.WriteLine(me);
    // 获得用户的邮件列表（前 10 封）
    var messages = InvokeRestReqeust("https://microsoftgraph.
chinacloudapi.cn/v1.0/me/messages", token).Result;
    Console.WriteLine(messages);
    Console.Read();
}
```

➲ VB.NET 的代码范例

```
Imports System.Net
Imports Microsoft.IdentityModel.Clients.ActiveDirectory
Module Module1
    Sub Main()
        '获得用户令牌
        Dim token = GetAccess token().Result
        '获得当前用户基本信息
        Dim user = InvokeRestRequest("https://microsoftgraph.
chinacloudapi.cn/v1.0/me", token).Result
        Console.WriteLine(user)
        '获得用户的邮件列表（前10封）
        Dim messages = InvokeRestRequest("https://microsoftgraph.
chinacloudapi.cn/v1.0/me/messages", token).Result
        Console.WriteLine(messages)
        Console.Read()
    End Sub
    Async Function InvokeRestRequest(url As String, token As String) As
Task(Of String)
        Dim client = New WebClient()
        client.Headers.Add("Authorization", $"Bearer {token}")
        Dim result = Await client.DownloadStringTaskAsync(url)
        Return result
        '请注意，这里直接返回字符串型的结果，它是JSON格式的，有兴趣的读者可以继续在这
个基础上进行处理
    End Function
    Async Function GetAccess token() As Task(Of String)
        Dim appId = "9c7dd51c-072c-4aea-aaee-fc57efacb150"
        Dim authorizationEndpoint = "https://login.chinacloudapi.cn/
common/oauth2/authorize"
        '国际版是 https://login.microsoftonline.com/common/oauth2/authorize
        Dim resource = "https://microsoftgraph.chinacloudapi.cn" '国际版是
https://graph.microsoft.com
        Dim redirectUri = "http://nativeapplication" '其实这个应该去掉，但目前
必须要填，而且要与注册时一样
        Dim result As AuthenticationResult
        Dim context = New AuthenticationContext(authorizationEndpoint)
        result = Await context.AcquireTokenAsync(resource, appId, New
Uri(redirectUri), New PlatformParameters(PromptBehavior.Auto))
        Return result.Access token
    End Function
End Module
```

从上面的代码对照来看，Azure AD 1.0 的方式需要开发人员处理更多细节，如身份验证、服务调用、结果处理等。如果有兴趣并且有余力，欢迎在此基础上做一定的封装，简化开发。

本小节附带的示例代码可登录 https://github.com/chenxizhang/office365dev/tree/master/samples/graph-consoleapplicationsample 查看或下载，如图 2-48 所示。这些代码由 Visual Studio 2017 编写，开发语言为 C#，并且在 Windows 10 Enterprise 上已通过测试。

图 2-48

2.4.2　在 PowerShell 脚本中集成 Microsoft Graph

PowerShell 相较于此前的 CMD Shell 有一些重大的创新，如基于 .NET 的类型系统，以及管道、模块的概念等。那么，PowerShell 是否可以与 Microsoft Graph 搭配工作，为 IT 管理员或开发人员提供一种利用脚本就可以对 Office 365 进行运维和集成的方法呢？

PowerShell 一直可以管理 Office 365，但是是通过比较传统的方式：Office 365 提供了一些特定的 Cmdlet，通常是给管理员用的，而且每个服务可能都有一套自己的 Cmdlet。有兴趣的读者可以参考 http://powershell.office.com/。下面介绍 Powershell 与 Microsoft Graph 的集成，这是一种全新的视角。

要在 PowerShell 的脚本中访问 Microsoft Graph，首先要注册应用程序，其次是认证和授权问题，最后才是对 Microsoft Graph 资源的调用。

⊃ 准备环境

本节将直接使用此前已经注册好的应用程序，其信息如下。

```
AppId: 45aa2ecc-5e57-4c91-86c1-b93064800c39
RedirectUrl: https://login.microsoftonline.com/common/oauth2/nativeclient
```

接下来就是认证和授权了。如果不想自己发起和解析 OAuth，那就直接用此处推荐的 PowerShell 模块。它虽然不是官方提供的，但经过实际测试证明非常简单易用，如图 2-49 所示。

```
Microsoft Graph API
https://www.powershellgallery.com/packages/MicrosoftGraphAPI/0.1.4
```

值得注意的是，它的最后更新时间是 2016 年 4 月 27 日。

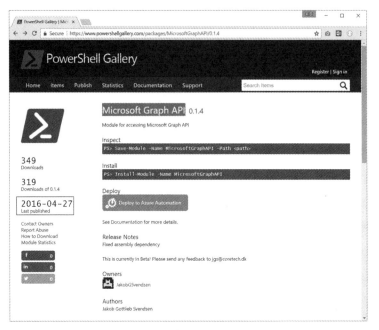

图 2-49

⊃ 安装 Microsoft Graph API 模块

Microsoft Graph API模块需要在本地安装才能执行，使用管理员身份打开PowerShell窗口，然后执行如下命令，结果如图2-50所示。

```
Install-Module -Name MicrosoftGraphAPI
```

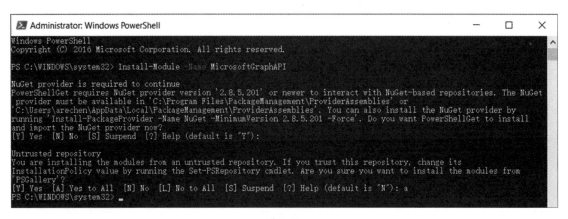

图 2-50

执行Install-Module的前提条件是，当前的操作系统要有一个PowerShell Get的模块，所以要求运行环境是Windows 10，关于它的说明，有兴趣的读者可以参考 https://www.powershellgallery.com/。

安装成功后，可以通过Get-Command-Module Microsoft Graph API获得Microsoft Graph API模块为当前环境安装的命令，并且通过Get-Help xxxxx 快速了解这些命令的用法，如图2-51所示。

```
PS C:\Users\arechen> Get-Command -Module MicrosoftGraphAPI

CommandType     Name                              Version    Source
-----------     ----                              -------    ------
Function        Get-GraphAuthToken                0.1.4      MicrosoftGraphAPI
Function        Get-GraphSubscription             0.1.4      MicrosoftGraphAPI
Function        Invoke-GraphRequest               0.1.4      MicrosoftGraphAPI
Function        New-GraphSubscription             0.1.4      MicrosoftGraphAPI
Function        Remove-GraphSubscription          0.1.4      MicrosoftGraphAPI
Function        Update-GraphSubscription          0.1.4      MicrosoftGraphAPI
```

图 2-51

⊃ 通过 Get-GraphAuthToken 进行认证和授权

　　安装好Microsoft Graph API模块后，就可以通过下面的命令进行用户身份的认证和授权了。

```
$token=Get-GraphAuthToken-AADTenant
"office365devlabs.onmicrosoft.com"-
ClientId "45aa2ecc-5e57-4c91-86c1-
b93064800c39"-RedirectUri "https://
login.microsoftonline.com/common/
oauth2/nativeclient"-Credential
(Get-Credential)
```

　　注意，这里调用的是PowerShell自带的一个获取用户凭据的对话框来得到用户信息，如图2-52所示。API会将这些信息提交给Microsoft Graph，并且得到Access Token给PowerShell，如图2-53所示。

图 2-52

图 2-53

⊃ 通过 Invoke-GraphRequest 执行 Microsoft Graph 查询

　　这是一个通用的方法，它可以用来执行所有的Microsfot Graph操作，包括查询、增加、更新、删除数据等。

　　下面演示一个最简单的查询，用来获取当前用户的基本信息，如图2-54所示。

```
Invoke-GraphRequest -url "https://graph.microsoft.com/v1.0/me" -Token
$token -Method GET
```

图 2-54

不过，以上命令访问的都是国际版 Office 365。目前这个 API 还不支持中国版 Office 365。

为此我专门开发了一个 PowerShell 模块，同时支持国内版和国际版 Office 365，该模块已经上传到了微软官方网站，如图 2-55 所示。

因为这是一个标准的模块，所以使用方式与其他模块是一样的，目前该模块优先支持国内版 Office 365（Gallatin），并且提供了最简化的参数调用方式，如图 2-56 所示。

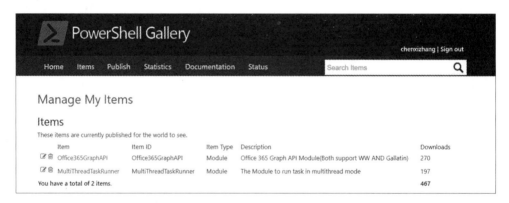

图 2-55

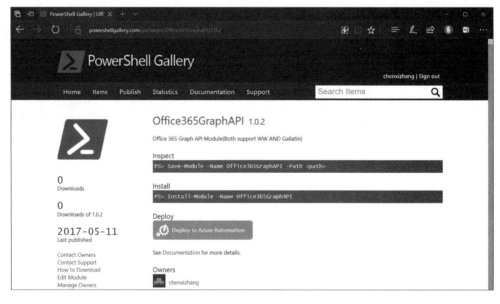

图 2-56

安装完这个模块后，就可以在PowerShell脚本中使用它了，如图2-57所示。

图 2-57

2.4.3　Microsoft Graph Web应用程序极致开发体验

最新版的Visual Studio 2017增加了"Connected Services"的概念，能够让开发人员很便捷地连接各种云端服务（如Office 365），Microsoft Graph的官方网站也发表了一篇文章专门介绍如何使用Connected Service来实现与Graph的集成的（参考 https://developer.microsoft.com/en-us/graph/docs/concepts/office_365_connected_services）本小节将以Web应用程序开发为例来展开。

◆ **根据范例快速体验**

在Visual Studio 2017中打开上面的解决方案，并且打开Connected Services的界面。首先，选择"使用Microsoft Graph访问Office 365服务"选项，如图2-58所示。

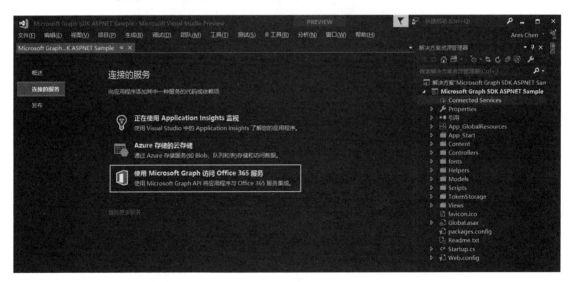

图 2-58

选择"选择域"选项，在"域"文本框中输入或选择Office 365用户信息，如图2-59所示。注意，这里目前只支持国际版。单击"下一步"按钮进行"应用程序"的配置，如果是第一次操作，则选择"新建Azure AD应用程序"，如图2-60所示。

其次，按照文档要求选择以下3个权限，如图2-6至图2-63所示。

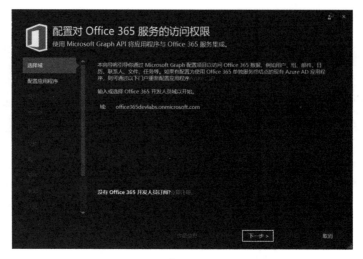

图 2-59

图 2-60

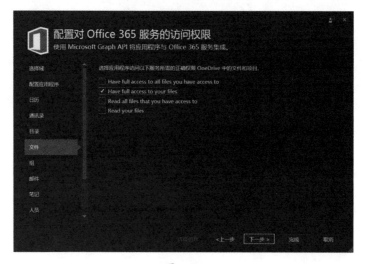

图 2-61

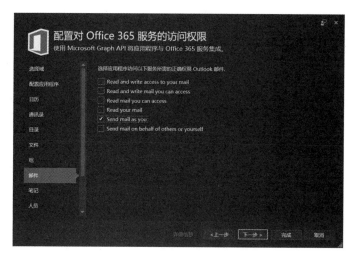

图 2-62

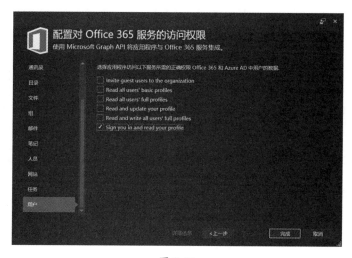

图 2-63

最后，将 Models 目录下面的 GraphService.cs 文件中的几行代码取消注释就可以调试了。如图 2-64 所示，单击右上角的 "Sign in with Microsoft" 按钮，会被导航到 Office 365 的登录页面。

在图 2-65 所示的登录页面输入用户名和密码，然后单击 "Sign in" 按钮。

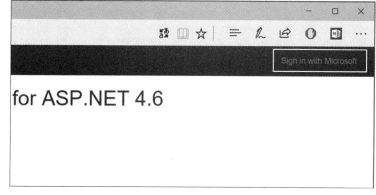

图 2-64

图 2-65

系统会引导用户对权限进行确认，如图2-66所示，单击“Accept”按钮回到主界面。

在图2-64所示的主界面中，单击“Get email address”按钮可以读取当前用户的邮箱地址，然后单击“Send email”按钮可以实现邮件发送。最后在Outlook中检查邮件，如图2-67所示。

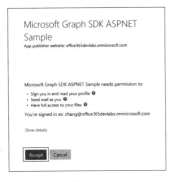

图 2-66

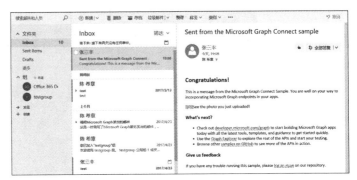

图 2-67

那么，这是怎么做到的呢？首先，Visual Studio帮用户做了不少工作，主要是自动完成应用程序注册，并且在配置文件中保存信息，如图2-68所示。

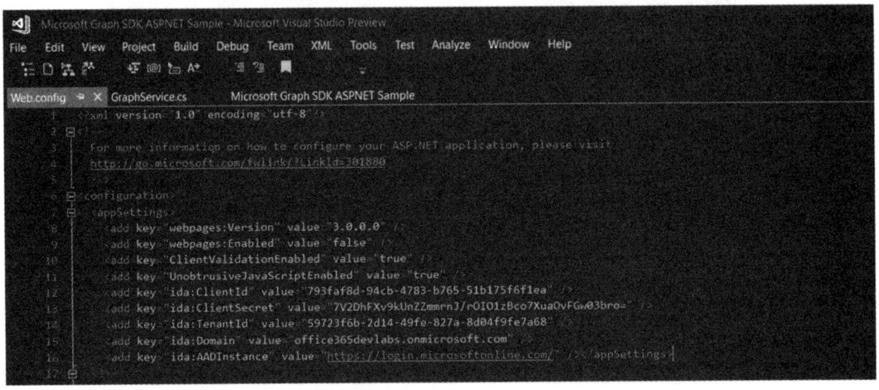

图 2-68

其次，这个范例程序中有几个文件预先编写好了代码，如图2-69所示。

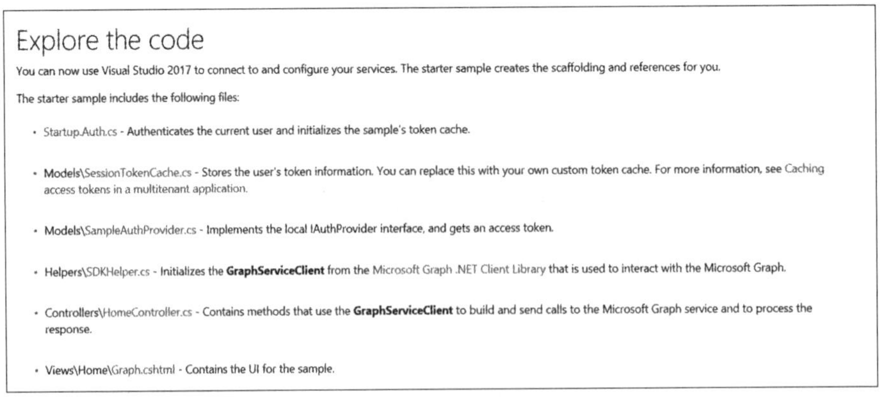

Explore the code

You can now use Visual Studio 2017 to connect to and configure your services. The starter sample creates the scaffolding and references for you.

The starter sample includes the following files:

- Startup.Auth.cs - Authenticates the current user and initializes the sample's token cache.
- Models\SessionTokenCache.cs - Stores the user's token information. You can replace this with your own custom token cache. For more information, see Caching access tokens in a multitenant application.
- Models\SampleAuthProvider.cs - Implements the local IAuthProvider interface, and gets an access token.
- Helpers\SDKHelper.cs - Initializes the **GraphServiceClient** from the Microsoft Graph .NET Client Library that is used to interact with the Microsoft Graph.
- Controllers\HomeController.cs - Contains methods that use the **GraphServiceClient** to build and send calls to the Microsoft Graph service and to process the response.
- Views\Home\Graph.cshtml - Contains the UI for the sample.

图 2-69

➲ 在应用中快速集成 Microsoft Graph

范例运行成功了，下面来看如何在一个自己写的应用程序中实现同样的功能。虽然Visual Studio

帮用户做了不少工作，但有些代码还是省不了的。为了让代码减至最少，我写了一个组件，叫作 Office365GraphMVCHelper，如图2-70所示。

图 2-70

接下来看看怎样用不到三行代码就完整地实现 Microsoft Graph 的调用，如图2-71所示。

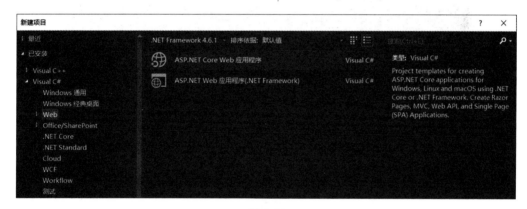

图 2-71

在使用Visual Studio 2017时，要确保图2-71中目标的Framework选择的是4.6。然后在图2-72中选择"ASP.NET Web 应用程序"（模型视图控制器）并单击"确定"按钮。

图 2-72

按照之前的介绍，添加"Connected Service"和"使用Microsoft Graph访问Office 365服务"。在权限配置步骤，作为演示目的，选择一个权限即可，如图2-73所示。

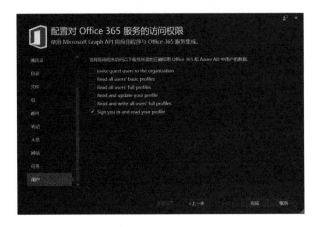

图 2-73

接下来就是添加写好的组件，运行命令 Install-Package Office365GraphMVCHelper，如图2-74所示。

图 2-74

然后为当前项目添加一个启动类（Owin Startup Class），如图2-75所示。

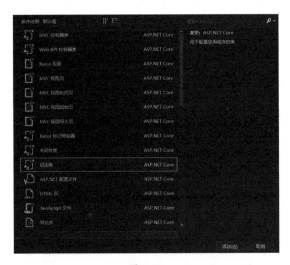

图 2-75

用一行代码为启动类添加Microsoft Graph身份功能，如图2-76所示。

```
0 references
public void Configuration(IAppBuilder app)
{
    // For more information on how to configure your application, visit https://go.microsoft.com/fwlink
    Office365GraphMVCHelper.StartupHelper.ConfigureAuth(app);
}
```

图 2-76

现在就可以实现业务模块了。可以添加一个默认的Controller，在Index这个Action中，这里用两行代码做了实现：读取当前用户的信息，并输出到浏览器。如图2-77所示。

```
0 references
public class HomeController : Controller
{
    // GET: Home
    [Authorize]
    0 references
    public ActionResult Index()
    {
        var client = Office365GraphMVCHelper.SDKHelper.GetAuthenticatedClient();
        return Content($"<h1>Hello, {client.Me.Request().GetAsync().Result.DisplayName}!</h1>");
    }
}
```

图 2-77

输入用户名和密码并确认授权，就会看到图2-78所示的界面。

图 2-78

当然，这只是一个演示，但只要打开了这扇大门，接下来就可以随意调用Microsoft Graph所提供的功能了。

◯ 实现对中国版 Office 365 的支持

2017年5月31日，我重构代码，实现了对中国版Office 365的支持，并且将Office365GraphMVCHelper工具包升级到了2.0版本，如图2-79所示。

图 2-79

由于Visual Studio 2017提供的工具不能直接添加中国版Office 365作为Connected Service，因此，需要在中国版Office 365中注册应用程序，并且在web.config文件中添加以下信息。

```
<add key="ida:ClientId" value="1142d051-c271-4044-b1ac-522c8029e3b7" />
<add key="ida:ClientSecret" value="Ei4JeIsuKzPVfnkgAmWSFfE9p5YKs0yhm41dc
Zo/ink=" />
<add key="ida:TenantId" value="12c0cdab-3c40-4e86-80b9-3e6f98d2d344" />
<add key="ida:Domain" value="modtsp.partner.onmschina.cn" />
<add key="ida:AADInstance"value="https://login.chinacloudapi.cn/" />
<add key="ida:ResourceId"value="https://microsoftgraph.chinacloudapi.cn"/>
```

注意，中国版Office 365的最后一行与国际版不一样（国际版可以省略），完成设置后，其他的代码都和国际版一样。

2.4.4　在无人值守程序（服务）中调用 Microsoft Graph

此前分别介绍了在桌面应用程序（控制台）、Web应用程序（ASP.NET MVC）及PowerSehll脚本中如何访问Microsoft Graph，下面介绍另一个场景：在无人值守程序中访问Microsoft Graph。那么什么是无人值守程序呢？此类程序通常被定义为不需要（不允许）用户进行干预，在后台自动化运行的程序。在英文文档中将其称为Daemon Application，从广义上来说，也包括服务这种特殊的应用程序。

无人值守程序与Microsoft Graph的集成虽然要遵守一般的流程，但也有自己的一些特点，总结起来有以下几步。

⊃ 注册应用程序

针对Azure AD的不同版本，注册应用程序的过程此前已经有专门的介绍了，可参考以下程序。

（1）注册Azure AD 2.0应用程序（支持国际版，支持Office 365账号及个人账号登录，功能可能有所缺失，但这是以后的方向）。

（2）注册Azure AD 1.0应用程序（支持国际版和中国版，仅支持Office 365账号登录，功能最全）。

本小节先演示注册 Azure AD 2.0 应用程序，具体的步骤就不详述了，结果如图 2-80 所示。

（1）应用程序类型设置为 Web。

（2）ReplyUrl 可以设置为一个通用的地址。

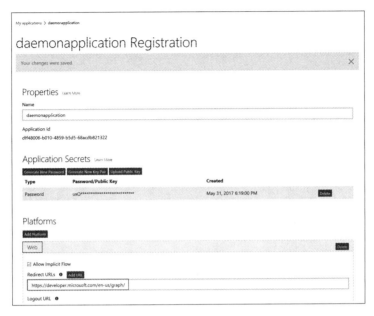

图 2-80

⊃ 配置应用程序权限

　　配置应用程序权限是注册无人值守应用程序时要特别注意的。由于该程序没有用户参与，因此无法使用某个特定用户的身份，而是要使用一个统一的身份，该身份称为 Application Identity。相应地，我们要为程序申请的权限也是"Application Permissions"，而不是"Delegated Permissions"。

　　本例中为应用程序申请两个权限：一个是用来获取所有用户信息的，另一个是用来代替任何用户发送邮件的，如图 2-81 所示。

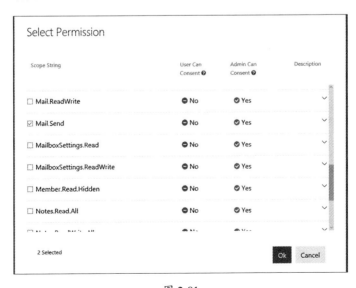

图 2-81

➲ 获得管理员同意

由于无人值守的程序是自动化运行的，无须用户参与和授权，但它进行的操作却有可能代表用户的行为。因此，通常这些权限都需要在真正的Office 365 Tenant管理员同意后才能生效。

其实从图2-81中也可以看出，几乎所有的Application Permission都是需要获得管理员同意的（Admin Consent）。

要获得管理员同意，可以将下面这个链接发送给用户的Office 365 Tenant管理员。

```
https://login.microsoftonline.com/common/adminconsent?client_id=dff48006-
b010-4859-b5d5-68acdb821322&state=12345&redirect_uri=https://developer.
microsoft.com/en-us/graph/
```

管理员需要在图2-82所示的界面中，对应用程序所申请的权限进行确认。

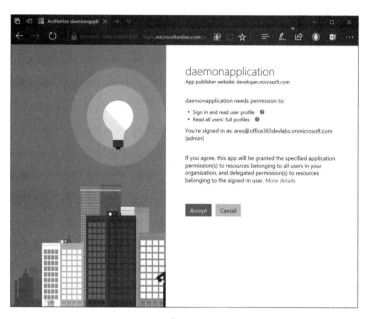

图 2-82

正常情况下，完成授权后，页面会被导航到下面的地址，确认admin_consent的值为true，并记录tenant的值。这表示用户的Office 365 Tenant的编号，后面会用到。

https://developer.microsoft.com/en-us/graph/?admin_consent=True&tenant=59723f6b-2d14-49fe-827a-8d04f9fe7a68&state=12345。

➲ 获取访问令牌

无人值守应用程序不需要用户参与和授权，所以它获取令牌的方式也略有不同。用户可以在应用程序中通过下面的方式发起一个POST请求来获得访问令牌（access token），如图2-83所示。

```
POST https://login.windows.net/59723f6b-2d14-49fe-827a-8d04f9fe7a68/
oauth2/token
Content-Type: application/x-www-form-urlencoded
Host: login.windows.net
client_id=338c8e70-d0da-444e-b877-9f427a16eb17&scope=https%3A%2F%2Fgraph.
microsoft.com%2F.default&client_secret=8V59e4aBfNr6x4lN8EAMTisk3J7WRH+glZb
vgMwdDQY=&grant_type=client_credentials
```

图 2-83

正常情况下，这个请求会返回图2-84所示的结果。

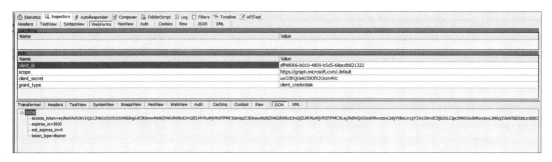

图 2-84

复制得到的access_token的值。注意，默认情况下，access_token会在1小时后过期。

⊃ 使用令牌访问资源

有了access_token，应用程序就可以访问Microsoft Graph的资源了。例如，通过图2-85所示的请求可以获取对应的Office 365 Tenant中的所有用户信息。

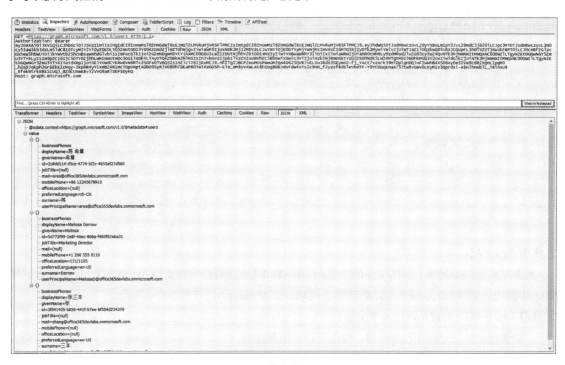

图 2-85

● 使用一个控制台程序来实现代码逻辑

前面的演示使用了Fiddler工具来模拟发起请求，并快速地查看结果。下面用一个简单的应用程序来实现代码逻辑。（这个程序使用了最简单的代码来实现，并添加了Newtonsoft.Json这个Package。）

```csharp
using Newtonsoft.Json.Linq;
using System;
using System.Net.Http;
namespace daemonapplication
{
    class Program
    {
        static void Main(string[] args)
        {
            // 准备环境
            var clientId = "dff48006-b010-4859-b5d5-68acdb821322";
            var client_secret = "uxO3frQOekCfdOfX2Oom4Vc";
            var tenantId = "59723f6b-2d14-49fe-827a-8d04f9fe7a68";
            var client = new HttpClient();
            // 获得令牌
            var request = new HttpRequestMessage(HttpMethod.Post,
$"https://login.microsoftonline.com/{tenantId}/oauth2/v2.0/token");
            var body = new StringContent($"grant_type=client_
credentials&client_id={clientId}&scope=https%3A%2F%2Fgraph.microsoft.
com%2F.default&client_secret={client_secret}");
            body.Headers.ContentType.MediaType = "application/x-www-form-
urlencoded";
            request.Content = body;
            var access_token = JObject.Parse(client.SendAsync(request).
Result.Content.ReadAsStringAsync().Result)["access_token"].ToString();
            // 访问资源
            request = new HttpRequestMessage(HttpMethod.Get, "https://
graph.microsoft.com/v1.0/users");
            request.Headers.Authorization = new System.Net.Http.Headers.Au
thenticationHeaderValue("Bearer", access_token);
            var users = JObject.Parse(client.SendAsync(request).Result.
Content.ReadAsStringAsync().Result)["value"];
            foreach (var item in users)
            {
                Console.WriteLine($"displayName:{item["displayName"]},emai
l:{item["email"]}");
            }
            Console.Read();
        }
    }
}
```

● 使用 Azure AD 1.0

前面的例子简单易懂，但如果使用的是Azure AD 1.0（国际版同时支持Azure AD 1.0和Azure AD 2.0，中国版只支持1.0），注册应用程序和使用Microsoft Graph的方式会略有不同。

● 注册 Azure AD 1.0 应用程序（中国版）

和前面提到的注册应用程序一样，有以下两点需要注意。

（1）应用程序类型设置为Web，如图2-86所示。

（2）ReplyUrl可以设置为一个通用的地址，如图2-87所示。

图 2-86

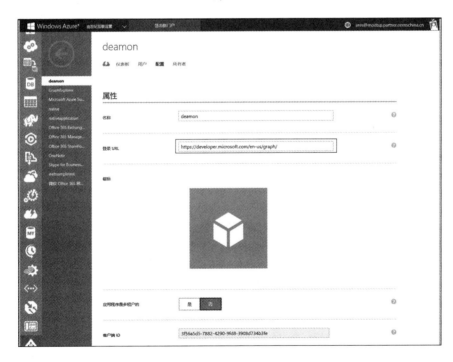

图 2-87

➲ 配置 Azure AD 1.0 应用程序权限（中国版）

和前面提到的一样，这里需要申请应用程序权限，而不是委派的权限，如图2-88所示。

这里需要修改Manifest文件（先下载，再编辑，最后上传），允许隐式授权，如图2-89和图2-90所示。

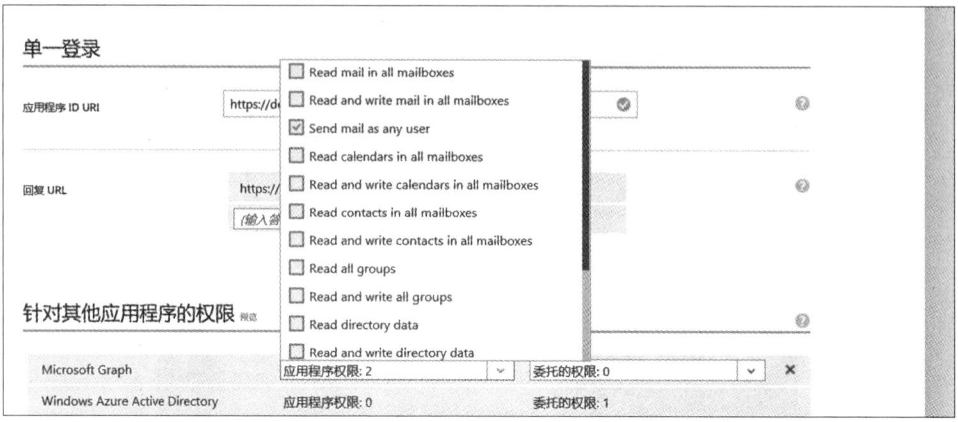

图 2-88

图 2-89

图 2-90

⇨ 获得管理员同意（中国版）

与 Azure AD 2.0 不同的是，在 Azure AD 1.0 中，获取管理员同意需要使用如下链接。

```
https://login.chinacloudapi.cn/12c0cdab-3c40-4e86-80b9-3e6f98d2d344/oauth2/
authorize?prompt=admin_consent&response_type=token&redirect_uri=https://
developer.microsoft.com/en-us/graph/&resource=https://microsoftgraph.
chinacloudapi.cn&client_id=3f56a5d5-7882-4290-9fd8-3908d734b3fe
```

此处的关键在于有一个 prompt=admin_consent 的参数，正常情况下，管理员确认授权后会跳转到下面的地址，里面已经包含了一个 access_token。

```
https://developer.microsoft.com/en-us/graph/#access_token=eyJ0eXAiOiJKV1
QiLCJub25jZSI6IkFRUJBQUFBQUFDckhLdnJ4N0cyU2FaYlpoLXREbnA3Z1BvSDFZc2w5MW
lxU0x4Qmdqc1ZXODhmMDR5Vm11Tm1pZGlWZGFJclY5MEhLLT19aUX1XMENERlowcWdwRnBfOW
w4Wkhpb21LdkNSM19LQURMdWZ3R3R1NBQSIsImFsZyI6IlJTMjU2IiwieDV0IjoiWTfjenBtLX
hpY2FRVFZYQzlPU2JXN3pHeHRRIiwia2lkIjoiWTfjenBtLXhpY2FRVFZYQzlPU2JXN3pHeHH
RRIn0.eyJhdWQiOiJodHRwczovL21pY3Jvc29mdGdyYXBoLmNoaW5hY2vdWRhcGkuY24iLC
Jpc3MiOiJodHRwczovL3N0cy5jaGluYWNsb3VkYXBpLmNuLzEyYzBjZGFiLTNjNDAtNGU4Ni
04MGI5LTN1NmY5OGQyZDM0NC8iLCJpYXQiOjE0OTYyNDI0MjQsIm5iZiI6MTQ5NjI0MjQyNC
wiZXhwIjoxNDk2MjQ2MzI0LCJhY3IiOiIxIiwiYWlvIjoiQVNRQTIvOEFBQUFBZ2E3S3Y1Ym
VVRGtSVT1iY2pTBTzBKbFVjb0xaYzk3bEtkYW5hbzRzMFJTV0TiLCJhbXIiOlsicHdkIl0sIm
FwcF9kaXNwbGF5bmFtZSI6ImRlYW1vbiIsImFwcGlkIjoiM2Y1NmE1ZDUtNzg4Mi00MjkwLT
lmZDgtMzkwOGQ3MzRiM2ZlIiwiYXBwaWRhY3IiOiIwIiwiZmFtaWx5X25hbWUiOiLpmYgiLC
JnaXZlbl9uYW1lIjoi5biM56ugIiwiaXBhZGRyIjoiMTgwLjE1Mi4yMi41MiIsIm5hbWUiOi
LpmYg5biM56ugIiwib2lkIjoiZjU1MjRmMTAtYTNlYy00Njg3LTllMzktNWFkNmU1ZTY3MD
VhIiwicGxhdGYiOiIzIiwicHVpZCI6IjIwMDM3RkZODExNjMyMDUiLCJzY3AiOiJNYWlsLl
NlbmQgVXNlci5SZWFkLkFsbCIsInN1YiI6InhpckVWTFBtVG1BRFpJTW1sZTddBajZwS0NQU2
JHMlNGU3EzN3JQaV9rWkUiLCJ0aWQiOiIxMmMwY2RhYi0zYzQwLTRlODYtODBiOS0zZTZmOT
hkMmQzNDQiLCJ1bmlxdWVfbmFtZSI6ImFyZXNAbW9kdHNwLnBhcnRuZXIub25tc2NoaW5hLm
NuIiwidXBuIjoiYXJlc0Btb2R0c3AucGFydG5lci5vbm1zY2hpbmEuY24iLCJ1dGkiOiJRSE
swVy0xdXcbT1xWW9TekNvRUFBIiwidmVyIjoiMS4wIn0.EZhZhKFXzS1hVkz5HNEFSG9lcL
6CSRyjqRNEMTYpM0Q4wp7UICf1_61PQFCe_5opnZlEMl-
e7sHJ2W4Ni1hqjASUxOamFoQ5pBVNQ-WgEfhX_QPJXLBbyMdFguRPdrXy1AqzYGqFQ_mtmjq
Fa0w7nXf4LI7vgx7MRPMm5YDljnK4vk4oXC9M7fb4EcU7g26XrBUnTz6Es_IGT9SUqAXYLDj
fI3dC06GqtjRrTwtd0AYwbbUPZ288j4XZ_fb8x1lj97ZpIFZh-STnIZUatIij0dFphMrFhUi
g0YbMtCxlfsrpZgPyuwlrrXbnj5fgWw1ABj3xKrEaWbVt5XCT4T9-aA&token_
type=Bearer&expires_in=3599&session_state=022f05fb-4b3f-4f86-b593-
cbda90232a7a&admin_consent=True
```

⊃ 获取访问令牌（中国版）

　　这一步可以跳过，因为上一步已经获得了access_token。

⊃ 使用令牌访问资源（中国版）

```
using System;
using System.Net.Http;
using System.Threading.Tasks;
namespace ConsoleApp6
{
class Program
    {
static void Main(string[] args)
        {
var result = GetUsers().Result;
Console.WriteLine(result);
Console.Read();
        }
static async Task<string> GetUsers()
        {
```

```
var token="eyJ0eXAiOiJKV1QiLCJub25jZSI6IkFRQUJBQUFBQUFDckhLdnJ4N0cyU2FaYlpoLXRE
bnA3Z1BvSDFZc2w5MW1xU0x4Qmdqc1ZXODhmMDR5Vm11Tm1pZGlWZGFjlY5MEhLT19aUX1XMENERlo
wcWdwRnBfOWw4Wkhpb21LdkNSM19LQURMdWZ3R1NBQSIsImFsZyI6IlJTMjU2IiwieDV0IjoiWTfjen
BtLXhpY2FFVFZYQzlPU2JN3pHeHRRIiwia2lkIjoiWTfjenBtLXhpY2FFVFZYQzlPU2JN3pHeHRR
In0.eyJhdWQiOiJodHRwczovL21pY3Jvc29mdGdyYXBoLmNoaW5hY2xvdWRhcGkuY24iLCJpc3MiOiJ
odHRwczovL3N0cy5jaGluYWNsb3VkYXBpLmNuLzEyYzBjZGFiLTNjNDAtNGU4Ni04MGI5LTNlNmY5OG
QyZDM0NC8iLCJpYXQiOjE0OTYyNDI0MjQsIm5iZiI6MTQ5NjI0MjQyNCwiZXhwIjoxNDk2MjQ2MzI0L
CJhY3IiOiIxIiwiYWlvIjoiQVNRQTIvOEFFQUFFd2E2S3Y1YmVVRGtSVTliY2pBTzBiKbFVJb0xaYzk
bEtkYW5hbzRzMFJTVlT0iLCJhbXIiOlsicHdkIl0sImFwcF9kaXNwbGF5bmFtZSI6ImRlYW1vbiIsImF
wcGlkIjoiM2Y1NmE1ZDUtNzg4Mi00MjkwLT1mZDgtMzkwOGQ3MzRiM2ZIiwiYXBwaWRhY3IiOiIwIi
wiZmFtaWx5X25hbWUiOiLpmYgiLCJnaXZlbl9uYW1lIjoi5biM56ugIiwiaXBhZGRyIjoiMTgwLjE1M
i4yMi41MiIsIm5hbWUiOiLpmYg5biM56ugIiwib2lkIjoiZjU1MjRmMTAtYTNlYy00Njg3LTllMzkt
NWFkNmU1ZTY3MDVhIiwicGxhdGYiOiIzIiwicHVpZCI6IjIwMDM0RkZODExNjMyMDUiLCJzY3AiOiJ
NYWlsLlNlbmQgVXNlci5SZWFkLkFsbCIsInN1Yi I6InhpckVWTFBtVG1BRFppTW1sZTdBajZwS0NQU2
JHMlNGU3EzN3JQaV9rWkUiLCJ0aWQiOiIxMmMwY2RhYi0zYzQwLTRlODYtODBiOS0zZTZmOThkMmQzN
DQiLCJ1bmlxdWVfbmFtZSI6ImFyZXNhbW9kdHdLnBhcnRuZXIub25tc2NoaW5hLmNuIiwidXBuIjoi
YXJlc0Btb2R0c3AucGFydG5lci5vbm1zY2hpbmEuY24iLCJ1dGkiOiJRSEsvV0xdXcbTlxWW9TekN
vRUFBIiwidmVyIjoiMS4wIn0.EZhZhKFXzS1hVkz5HNEFSG9lcL6CSRyjqRNEMTYpM0Q4wp7UICf1_6
1PQFCe_5opnZlEMl-e7sHJ2W4Ni1hqjASUxOamFoQ5pBVNQ-WgEfhX_
QPJXLBbyMdFguRPdrXy1AqzYGqFQ_mtmjqFa0w7nXf4LI7vgx7MRPMm5YDljnK4vk4oXC9M7fb4EcU7
g26XrBUnTz6Es_IGT9SUqAXYLDjfI3dC06GqtjRrTwtd0AYwbbUPZ288j4XZ_fb8x1lj97ZpIFZh-ST
nIZUatIij0dFphMrFhUig0YbMtCxlfsrpZgPyuwlrrXbnj5fgWw1ABj3xKrEaWbVt5XCT4T9-aA";
HttpClient client = new HttpClient();
client.DefaultRequestHeaders.Add("Authorization", "Bearer"+ token);
HttpResponseMessage response = await client.GetAsync("https://
microsoftgraph.chinacloudapi.cn/v1.0/users/");
string retResp = await response.Content.ReadAsStringAsync();
return retResp;
        }
    }
}
```

    如果将代码再演化一下，使用 Microsoft.Graph 进行访问会更加轻松，因为可以完全基于强类型的方式进行操作。

```
using Microsoft.Graph;
using System;
using System.Threading.Tasks;
using System.Linq;
namespace ConsoleApp6
{
    class Program
    {
        static void Main(string[] args)
        {
var result = GetUsers().Result;
foreach (var item in result)
            {
Console.WriteLine(item.DisplayName);
            }
Console.Read();
        }
```

```
static async Task<IGraphServiceUsersCollectionPage> GetUsers()
        {
var token="eyJ0eXAiOiJKV1QiLCJub25jZSI6IkFRUJBQUFBQUFDckhLdnJ4N0cyU2FaYlp
oLXREbnA3Z1BvSDFZc2w5MWlxU0x4Qmdqc1ZXODhmMDR5VmllTm1pZGlWZGFJclY5MEhhLT19aU
XlXMENERlowcWdwRnBfOWw4Wkhpb21LdkNSM19LQURMdWZ3Z3R1NBQSIsImFsZyI6IlJTMjU2Iiw
ieDV0IjoiWTFjenBtBtLXhpY2RVFZYQzlPU2JXN3pHeHRRIiwia21kIjoiWTFjenBtBtLXhpY2FRV
FZYQzlPU2JXN3pHeHRRIn0.eyJhdWQiOiJodHRwczovL21pY3Jvc29mdGdyYXBoLmNoaW5hY2x
vdWRhcGkuY24iLCJpc3MiOiJodHRwczovL3N0cy5jaGluYWNsb3VkYXBpLmNuLzEyYzBjZGFiL
TNjNDAtNGU4Ni04MGI5LTN1NmY5OGQyZDM0NC8iLCJpYXQiOjE0OTYyNDI0MjQsIm5iZiI6MTQ
5NjI0MjQyNCwiZXhwIjoxNDk2MjQ2MzI0LCJhY3I6IiIxIiwiYWlvIjoiQVNRQTIvOEFBQUFBd2E2
S3Y1YmVVVRGtSVT1iY2pBTzBKBKFVJb0xaYzk3bEtkYW5hYnpRzMFJTVT0iLCJhbXIiOlsicHdkIl0sI
mFwcF9kaXNwbGF5bmFtZSI6ImRlYW1vbiIsImFwcGlkIjoiM2Y1NmE1ZDUtNzg4Mi00MjkwLT1mZD
gtMzkw0GQ3MzRiM2ZlIiwiYXBwaWRhY3IiOiIwIiwiZmFtaWx5X25hbWUiOiLmYgiLCJnaXZlbl9
uYW1lIjoi5biM56ugIiwiaXBhZGRyIjoiMTgwLjE1Mi4yMi41MiIsIm5hbWUiOiLmYgg5biM56ug
Iiwib2lkIjoiZjU1MjRmMTAtYTN1Yy00Njg3LTllMzktNWFkNmU1ZTY3MDVhIiwicGxhdGYiOiIzI
iwicHVpZCI6IjIwMDM3RkZODExNjMyMDUiLCJzY3AiOiJNYWlsLlNlbmQgVXNlci5SZWFkLkFsbCbC
IsInN1YiI6InhpZckVWTFBtVG1BRFpJTW1sZTdDBajzwS0NQU2JHMlNGU3EzN3JQaV9rWkUiLCJ0aWQ
iOiIxMmMwY2RhYi0zYzQwLTRlODYtODBiOS0zZTZmOThkMmQzNDQiLCJ1bmlxdWVfbmFtZSI6ImFy
ZXNAbW9kdHNwLnBhcnRuZXIub25tc2N0NoaW5hLmNuIiwidXBuIjoiYXJlc0Btb2R0c3AucGFydG5l
ci5vbm1zY2hpbmEuY24iLCJ1dGkiOiJRSEswVy0xdXXcwbT1xWW9TekNvRUFBIiwidmVyIjoiMS4w
In0.EZhZhKFXzS1hVkz5HNEFSG91cL6CSRyjqRNEMTYpM0Q4wp7UICf1_61PQFCe_5opnZlEMl-
e7sHJ2W4Ni1hqjASUxOamFoQ5pBVNQ-WgEfhX_QPJXLBbyMdFguRPdrXy1AqzYGqFQ_mtmjqFa0w7
nXf4LI7vgx7MRPMm5YDljnK4vk4oXC9M7fb4EcU7g26XrBUnTz6Es_IGT9SUqAXYLDjfI3dC06Gqt
jRrTwtd0AYwbbUPZ288j4XZ_fb8x11j97ZpIFZh-STnIZUatIij0dFphMrFhUig0YbMtCx1fsrpZg
PyuwlrrXbnj5fgWw1ABj3xKrEaWbVt5XCT4T9-aA";
GraphServiceClient client = new GraphServiceClient(
new DelegateAuthenticationProvider(async (request) =>
            {
                await Task.Run(() => { request.Headers.Add("Authorization",
$"Bearer {token}"); });
            }));
client.BaseUrl = "https://microsoftgraph.chinacloudapi.cn/v1.0";
var result = client.Users.Request().GetAsync().Result;
return result;
        }
    }
}
```

2.4.5　跨平台应用集成（在 ASP.NET Core MVC 应用程序中集成 Microsoft Graph）

跨平台的支持可以说是 Office 365 平台在设计之初就考虑的目标。前面已经提到，Microsoft Graph 服务针对一些主流的开源平台（主要用来做跨平台应用）都有支持，如 Python、Nodejs 等。但我更熟悉也更喜欢 Microsoft .NET 的跨平台应用，下面介绍如何在 ASP.NET Core 平台上构建一个 MVC 应用程序，并且在里面集成 Microsoft Graph。

关于 Microsoft .NET 这几年的发展，有兴趣的读者可以通过图 2-91 中的网站了解更多情况。

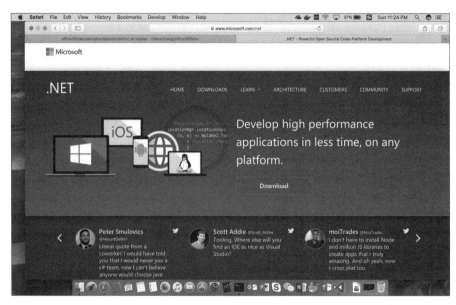

图 2-91

本小节用到的技术是最新的 .NET Core 中的 ASP.NET Core 提供的，我使用其中的 MVC 模板创建了一个简单的应用程序，并且略微修改了一下，使其能够采用 Azure AD 进行身份验证，继而通过获得的用户凭据实现对 Microsoft Graph 的使用，如图 2-92 所示。

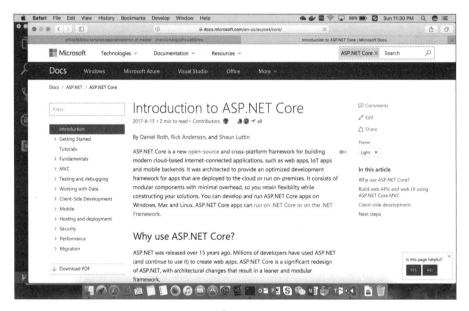

图 2-92

● ASP.NET Core MVC 整合了 Graph 的场景效果

我已经编写了一个完整的范例，可以通过 https://github.com/chenxizhang/office365dev/tree/master/samples/aspnetcoremvc 进行下载，后面会大致提到一些重点的功能如何实现。

在准备这个范例时，为了全面测试其在跨平台开发方面的能力，我采用了一台全新的 MacBook 作为工作用机，开发工具是 Visual Studio Code（可以直接在 Mac 中运行），如图 2-93 所示。

图 2-93

如果下载了代码，推荐大家使用 Visual Studio Code 来打开这个应用程序。

打开命令行工具，运行以下几个命令，如图2-94所示。

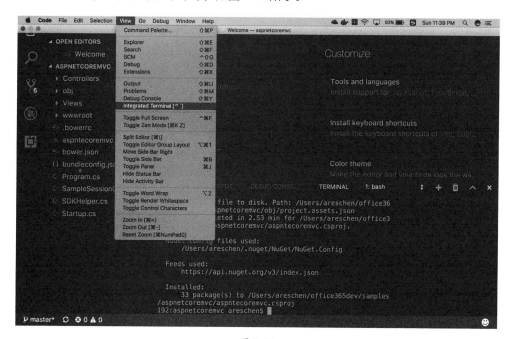

图 2-94

运行dotnet restore命令，下载当前项目所依赖的一些组件包；然后运行dotnet run命令，可以将当前项目运行起来。

如果运行成功，这个简单的应用程序就会启动，并且在本机的5000端口进行监听，看起来与一般的 MVC 程序一样。此时，单击页面左上角的"About"按钮，如图2-95所示。

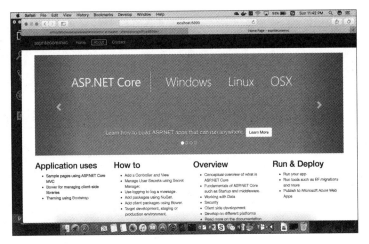

图 2-95

然后会出现图2-96所示的页面。

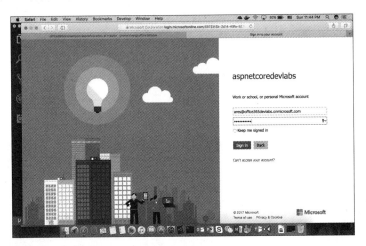

图 2-96

在打开的界面中输入正确的用户名和密码后，就可以看到该用户的基本信息了，如图2-97所示。

图 2-97

⊃ 代码解析

要创建这个应用程序，需要先安装 .NET SDK（https://www.microsoft.com/net/download/core ），然后在本地命令行工具中运行 dotnet new mvc。

首先，要为项目添加几个外部组件包，这是通过修改项目定义文件（aspnetcoremvc.csproj）实现的。

```
<PackageReference Include="Microsoft.Graph" Version="1.4.0"/>
<PackageReference Include="Microsoft.AspNetCore.Authentication.
OpenIdConnect" Version="1.1.0"/>
<PackageReference Include="Microsoft.AspNetCore.Authentication.Cookies"
Version="1.1.0"/>
<PackageReference Include="Microsoft.IdentityModel.Clients.ActiveDirectory"
Version="3.13.9"/>
<PackageReference Include="Microsoft.AspNetCore.Session" Version="1.1.0"/>
<PackageReference Include="Microsoft.Extensions.Caching.Memory"
Version="1.1.2"/>
```

这些组件都托管在 nuget.org 这个网站中，甚至整个 .NET Core 的核心组件也都开源托管在这个网站中。一般添加完这些组件后，还需要运行 dotnet restore 命令在本地进行还原。

然后我修改了 Startup.cs 文件。这是 ASP.NET Core 应用程序的一个标准文件，用来定义程序入口，加载相关服务和中间件。（这里涉及的知识面太广，有兴趣可以查看 https://asp.net/core 来了解。）

```
using System;
using System.Collections.Generic;
using System.Linq;
using System.Threading.Tasks;
using Microsoft.AspNetCore.Builder;
using Microsoft.AspNetCore.Hosting;
using Microsoft.Extensions.Configuration;
using Microsoft.Extensions.DependencyInjection;
using Microsoft.Extensions.Logging;
// 这里增加了一行命名空间导入
using Microsoft.Extensions.Caching;
using Microsoft.AspNetCore.Authentication.Cookies;
using Microsoft.AspNetCore.Authentication.OpenIdConnect;
using Microsoft.AspNetCore.Session;
using Microsoft.IdentityModel.Protocols.OpenIdConnect;
using Microsoft.IdentityModel.Clients.ActiveDirectory;
using Microsoft.AspNetCore.Authentication;
using System.Security.Claims;
using Microsoft.AspNetCore.Http;
namespace aspntecoremvc
{
    public class Startup
    {
        // This method gets called by the runtime. Use this method to add
services to the container.
        // 这里引入了一些服务，注入了一些组件
        public void ConfigureServices(IServiceCollection services)
```

```
        {
            services.AddSession();
                services.AddAuthentication(sharedoptions => sharedoptions.
SignInScheme = CookieAuthenticationDefaults.AuthenticationScheme);

            // Add framework services.
            services.AddMvc();
        }
        // 这里定义了一些静态信息
            private readonly string ClientId="e91ef175-e38d-4feb-b1ed-
f243a6a81b93";
            private readonly string Authority=String.Format("https://login.
microsoftonline.com/{0}","office365devlabs.onmicrosoft.com");
            private readonly string ClientSecret="2F5jdoGGNn59oxeDLE9fXx5tD86u
vzIji74dmLaj3YI=";
             private readonly string GraphResourceId="https://graph.microsoft.
com";
          private readonly string CallbackPath ="/signin-oidc";
            // This method gets called by the runtime. Use this method to
configure the HTTP request pipeline.
            public void Configure(IApplicationBuilder app, IHostingEnvironment
env, ILoggerFactory loggerFactory)
        {
            loggerFactory.AddConsole();
            loggerFactory.AddDebug();
            if (env.IsDevelopment())
            {
                app.UseDeveloperExceptionPage();
                app.UseBrowserLink();
            }
            else
            {
                app.UseExceptionHandler("/Home/Error");
            }
            app.UseStaticFiles();
            // 这几步是最关键的, 定义了如何进行身份认证及如何保存
            app.UseSession();
            app.UseCookieAuthentication();
            app.UseOpenIdConnectAuthentication(new OpenIdConnectOptions{
                ClientId = ClientId,
                Authority = Authority,
                ClientSecret = ClientSecret,
                ResponseType = OpenIdConnectResponseType.CodeIdToken,
                CallbackPath = CallbackPath,
                GetClaimsFromUserInfoEndpoint =true,
                Events = new OpenIdConnectEvents{
                    OnAuthorizationCodeReceived = OnAuthorizationCodeReceived
                }
            });
            app.UseMvc(routes =>
            {
                routes.MapRoute(
                    name: "default",
                    template: "{controller=Home}/{action=Index}/{id?}");
            });
        }
```

```
        private async Task OnAuthorizationCodeReceived(AuthorizationCodeRe
ceivedContext context)
        {
            // 将 Token 信息保存在 session 里面，后续 Graph 就可以直接调用了
                string userObjectId = (context.Ticket.Principal.
FindFirst("http://schemas.microsoft.com/identity/claims/objectidentifier"))?.
Value;
            ClientCredential clientCred = new ClientCredential(ClientId,
ClientSecret);
            AuthenticationContext authContext = new AuthenticationContext(
Authority, new SampleSessionCache(userObjectId, context.HttpContext.
Session));
            AuthenticationResult authResult = await authContext.AcquireTok
enByAuthorizationCodeAsync(
                context.ProtocolMessage.Code, new Uri(context.Properties.
Items[OpenIdConnectDefaults.RedirectUriForCodePropertiesKey]), clientCred,
GraphResourceId);
        }
        private Task OnAuthenticationFailed(FailureContext context)
        {
        context.HandleResponse();
            context.Response.Redirect("/Home/Error?message=" + context.
Failure.Message);
            return Task.FromResult(0);
        }
    }
}
```

02章

我还专门定义了一个简单的类，用来保存 Token 信息。简单起见，将 Token 保存在 Session 中，这样用户登录一次后，在一个会话中就无须多次登录，而是可以直接重用这些 Token。

为了便于后续在 Controller 中快速访问 Graph，我对 GraphServiceClient 进行了封装，可参考 SDKHelper.cs 文件。

```
using System;
using System.Collections.Generic;
using System.Linq;
using System.Security.Claims;
using System.Threading.Tasks;
using Microsoft.AspNetCore.Authorization;
using Microsoft.AspNetCore.Mvc;
using Microsoft.Extensions.Configuration;
using Microsoft.IdentityModel.Clients.ActiveDirectory;
using Microsoft.Graph;
using System.Net.Http.Headers;
using Microsoft.AspNetCore.Http;
namespace aspntecoremvc{
    public static class SDKHelper{

        // 这里其实是对 ControllerBase 这个类型进行了扩展
        public static async Task<GraphServiceClient> GetAuthenticatedClient(this
ControllerBase controller){
```

```
        var Authority = String.Format("https://login.microsoftonline.
com/{0}","office365devlabs.onmicrosoft.com");
        var ClientId = "e91ef175-e38d-4feb-b1ed-f243a6a81b93";
        var ClientSecret = "2F5jdoGGNn59oxeDLE9fXx5tD86uvzIji74dmLaj3
YI=";
        var GraphResourceId = "https://graph.microsoft.com";
        string userObjectId = controller.HttpContext.User.
FindFirst("http://schemas.microsoft.com/identity/claims/objectidentifier")?.
Value;
        ClientCredential clientCred = new ClientCredential(ClientId,
ClientSecret);
        AuthenticationContext authContext = new AuthenticationContext(Aut
hority, new SampleSessionCache(userObjectId, controller.HttpContext.
Session));
        AuthenticationResult result = await authContext.AcquireTokenSilen
tAsync(GraphResourceId,ClientId);
        GraphServiceClient client = new GraphServiceClient(new DelegateAu
thenticationProvider(async request=>{
            request.Headers.Authorization = new AuthenticationHeaderValue
("bearer", result.Access token);
            await Task.FromResult(0);
        }));
        return client;
    }
  }
}
```

有了上面的准备，在真正需要用到 Graph 服务的地方，代码就非常简单了，可参考 HomeController.cs 文件中的 About 方法。

```
[Authorize]// 用这个标记该方法需要用户登录
public async Task<IActionResult> About()
{
    var client = await this.GetAuthenticatedClient();
    // 获取用户详细信息，然后传递给视图
    return View(await client.Me.Request().GetAsync());
}
```

至此，这个例子的主要代码就解释完了。由于 ASP.NET Core 是一个比较新的技术，这方面的材料还相当少，所以我也是做了相当多的研究才将其精炼成这样的。

我在上面这个范例的基础上对代码又进行了封装。

首先，将所有公用的代码都提取到了一个单独的项目（**Office365GraphCoreMVCHelper**）中，这里面的关键代码有以下几种。

➲ 一个用来读取配置文件的类型

```
namespace Office365GraphCoreMVCHelper
{
    public class AppSetting
    {
        public Info Office365ApplicationInfo { get; set; }
        public class Info
```

```
        {
            public string ClientId { get; set; }
            public string ClientSecret { get; set; }
            public string Authority { get; set; }
            public string GraphResourceId { get; set; }
        }
    }
}
```

➲ 一个可共用的 Startup 类型

```
using System;
using System.Collections.Generic;
using System.Linq;
using System.Threading.Tasks;
using Microsoft.AspNetCore.Builder;
using Microsoft.AspNetCore.Hosting;
using Microsoft.Extensions.Configuration;
using Microsoft.Extensions.DependencyInjection;
using Microsoft.Extensions.Logging;
using Microsoft.Extensions.Caching;
using Microsoft.AspNetCore.Authentication.Cookies;
using Microsoft.AspNetCore.Authentication.OpenIdConnect;
using Microsoft.AspNetCore.Session;
using Microsoft.IdentityModel.Protocols.OpenIdConnect;
using Microsoft.IdentityModel.Clients.ActiveDirectory;
using Microsoft.AspNetCore.Authentication;
using System.Security.Claims;
using Microsoft.AspNetCore.Http;
using Microsoft.AspNetCore.Mvc;
using Microsoft.Extensions.Options;
namespace Office365GraphCoreMVCHelper
{
    public class Startup
    {
        static IConfigurationRoot Configuration { get; set; }
        public Startup(IHostingEnvironment env)
        {
            Configuration = new ConfigurationBuilder()
                            .SetBasePath(env.ContentRootPath)
                            .AddJsonFile("appsettings.json")
                            .Build();
        }
        // This method gets called by the runtime. Use this method to add
services to the container.
        public void ConfigureServices(IServiceCollection services)
        {
            // 这里将配置信息注入应用程序中
            services.AddOptions();
            services.Configure<AppSetting>(Configuration);
            services.AddSession();
                services.AddAuthentication(sharedoptions => sharedoptions.
SignInScheme = CookieAuthenticationDefaults.AuthenticationScheme);
            // Add framework services.
            services.AddMvc();
```

```
        }
        // This method gets called by the runtime. Use this method to
configure the HTTP request pipeline.
        public void Configure(IApplicationBuilder app, IHostingEnvironment
env, ILoggerFactory loggerFactory)
        {
            loggerFactory.AddConsole();
            loggerFactory.AddDebug();
            if (env.IsDevelopment())
            {
                app.UseDeveloperExceptionPage();
                app.UseBrowserLink();
            }
            else
            {
                app.UseExceptionHandler("/Home/Error");
            }
            //ConfigureMiddleware(app,env,loggerFactory);
            app.UseStaticFiles();
            app.UseSession();
            app.UseCookieAuthentication();
            // 获得之前注入的配置信息
            var options = app.ApplicationServices.GetRequiredService<IOpti
ons<AppSetting>>();
            app.UseOpenIdConnectAuthentication(new OpenIdConnectOptions
            {
                ClientId = options.Value.Office365ApplicationInfo.ClientId,
                Authority = options.Value.Office365ApplicationInfo.Authority,
                ClientSecret = options.Value.Office365ApplicationInfo.ClientSecret,
                ResponseType = OpenIdConnectResponseType.CodeIdToken,
                CallbackPath = "/signin-oidc",
                GetClaimsFromUserInfoEndpoint = true,
                Events = new OpenIdConnectEvents
                {
                    OnAuthorizationCodeReceived = async (context) =>
                    {
                        string userObjectId = (context.Ticket.Principal.
FindFirst("http://schemas.microsoft.com/identity/claims/objectidentifier"))?.
Value;
                        ClientCredential clientCred = new
ClientCredential(options.Value.Office365ApplicationInfo.ClientId, options.
Value.Office365ApplicationInfo.ClientSecret);
                        AuthenticationContext authContext = new
AuthenticationContext(options.Value.Office365ApplicationInfo.Authority,
new SampleSessionCache(userObjectId, context.HttpContext.Session));
                        AuthenticationResult authResult = await authContext.
AcquireTokenByAuthorizationCodeAsync(
                            context.ProtocolMessage.Code, new Uri(context.
Properties.Items[OpenIdConnectDefaults.RedirectUriForCodePropertiesKey]),
clientCred, options.Value.Office365ApplicationInfo.GraphResourceId);
                    }
                }
            });
            app.UseMvc(routes =>
            {
```

```
                        routes.MapRoute(
                            name: "default",
                            template: "{controller=Home}/{action=Index}/{id?}");
                    });
            }
        private Task OnAuthenticationFailed(FailureContext context)
        {
            context.HandleResponse();
                context.Response.Redirect("/Home/Error?message=" + context.
Failure.Message);
                return Task.FromResult(0);
        }
    }
}
```

○ 改造过的 SDKHelper 类型（主要增加了从配置文件中读取信息的功能）

```
using System;
using System.Net.Http.Headers;
using System.Threading.Tasks;
using Microsoft.Graph;
using Microsoft.IdentityModel.Clients.ActiveDirectory;
using Microsoft.AspNetCore.Mvc;
using Microsoft.Extensions.Options;
using Microsoft.AspNetCore.Builder;
namespace Office365GraphCoreMVCHelper
{
    public static class SDKHelper
    {
            public static async Task<GraphServiceClient>
GetAuthenticatedClient(this ControllerBase controller,IOptions<AppSetting>
options)
        {
            var Authority = options.Value.Office365ApplicationInfo.Authority;
            var ClientId = options.Value.Office365ApplicationInfo.ClientId;
                var ClientSecret = options.Value.Office365ApplicationInfo.
ClientSecret;
                var GraphResourceId = options.Value.Office365ApplicationInfo.
GraphResourceId;
            string userObjectId = controller.HttpContext.
User.FindFirst("http://schemas.microsoft.com/identity/claims/
objectidentifier")?.Value;
                ClientCredential clientCred = new ClientCredential(ClientId,
ClientSecret);
            AuthenticationContext authContext = new AuthenticationContext(Aut
hority, new SampleSessionCache(userObjectId, controller.HttpContext.
Session));
            AuthenticationResult result = await authContext.AcquireTokenSilen
tAsync(GraphResourceId, ClientId);
            GraphServiceClient client = new GraphServiceClient(new DelegateAu
thenticationProvider(async request =>
                {
                    request.Headers.Authorization = new AuthenticationHeaderValue
("bearer", result.Access token);
```

```
                  await Task.FromResult(0);
            })));
            return client;
      }
   }
}
```

有了这个公用的组件，在 aspnetcoremvc 主程序中就可以极大地简化代码。

首先，我在项目文件中定义了对公用组件的引用。

```
<Project Sdk="Microsoft.NET.Sdk.Web">
<PropertyGroup>
<TargetFramework>netcoreapp1.1</TargetFramework>
</PropertyGroup>
<ItemGroup>
<PackageReference Include="Microsoft.AspNetCore" Version="1.1.2" />
<PackageReference Include="Microsoft.AspNetCore.Mvc" Version="1.1.3" />
<PackageReference Include="Microsoft.AspNetCore.StaticFiles" Version="1.1.2"
/>
<PackageReference Include="Microsoft.Extensions.Logging.Debug"
Version="1.1.2" />
<PackageReference Include="Microsoft.VisualStudio.Web.BrowserLink"
Version="1.1.2" />
<PackageReference Include="Microsoft.Graph" Version="1.4.0"/>
<PackageReference Include="Microsoft.AspNetCore.Authentication.OpenIdConnect"
Version="1.1.0"/>
<PackageReference Include="Microsoft.AspNetCore.Authentication.Cookies"
Version="1.1.0"/>
<PackageReference Include="Microsoft.IdentityModel.Clients.ActiveDirectory"
Version="3.13.9"/>
<PackageReference Include="Microsoft.AspNetCore.Session"
Version="1.1.0"/>
<PackageReference Include="Microsoft.Extensions.Caching.Memory"
Version="1.1.2"/>
</ItemGroup>
<ItemGroup>
<ProjectReference Include="..\Office365GraphCoreMVCHelper\
Office365GraphCoreMVCHelper.csproj"
 />
</ItemGroup>
</Project>
```

然后，我删除了该项目中的 Startup 类型，取而代之的是在 Program 中直接引用公用组件中定义好的 Startup。

```
using System;
using System.Collections.Generic;
using System.IO;
using System.Linq;
using System.Threading.Tasks;
using Microsoft.AspNetCore.Hosting;
using Office365GraphCoreMVCHelper;
```

```
namespace aspntecoremvc
{
    public class Program
    {
        public static void Main(string[] args)
        {
            var host = new WebHostBuilder()
                .UseSetting("startupAssembly","Office365GraphCoreMVCHelper")
                .UseKestrel()
                .UseContentRoot(Directory.GetCurrentDirectory())
                .UseIISIntegration()
                .Build();
            host.Run();
        }
    }
}
```

02 章

这时需要定义一个配置文件来保存clientId等信息，我将该文件命名为appsettings.json。

```
{
    "Office365ApplicationInfo":{
        "ClientId":"e91ef175-e38d-4feb-b1ed-f243a6a81b93",
        "ClientSecret":"2F5jdoGGNn59oxeDLE9fXx5tD86uvzIji74dmLaj3YI=",
            "Authority":"https://login.microsoftonline.com/office365devlabs.
onmicrosoft.com",
        "GraphResourceId":"https://graph.microsoft.com"
    }
}
```

最后，在HomeController（或同类需要用到Microsoft Graph的Controller）中，通过下面的代码实现调用。

```
using System;
using System.Collections.Generic;
using System.Linq;
using System.Security.Claims;
using System.Threading.Tasks;
using Microsoft.AspNetCore.Authorization;
using Microsoft.AspNetCore.Mvc;
using Microsoft.Extensions.Configuration;
using Microsoft.IdentityModel.Clients.ActiveDirectory;
using Microsoft.Graph;
using System.Net.Http.Headers;
using Office365GraphCoreMVCHelper;
using Microsoft.Extensions.Options;
namespace aspntecoremvc.Controllers
{
    public class HomeController : Controller
    {
        private readonly IOptions<AppSetting> Options;
        public HomeController(IOptions<AppSetting> options)
        {
            this.Options = options;
```

```
    }
    public IActionResult Index()
    {
        return View();
    }
    [Authorize]
    public async Task<IActionResult> About()
    {
        var client = await this.GetAuthenticatedClient(this.Options);
        return View(await client.Me.Request().GetAsync());
    }
    public IActionResult Contact()
    {
        ViewData["Message"] = "Your contact page.";
        return View();
    }
    public IActionResult Error()
    {
        return View();
    }
  }
}
```

我又进一步将分离出来的Office365GraphCoreMVCHelper项目打包成了一个nuget的package（https://www.nuget.org/packages/Office365GraphCoreMVCHelper/），以实现更大范围的复用，如图2-98所示。

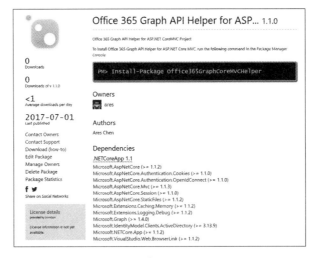

图 2-98

那么该如何使用呢？很简单，按照下面的步骤进行操作即可。

（1）创建一个ASP.NET Core MVC项目dotnet new mvc。

（2）增加对于Office365GraphCoreMVCHelper的引用，修改csproj文件，添加如下的定义。

```
PackageReference
Include="Office365graphcoremvchelper" Version="1.1.0" /
```

（3）下载dotnet restore这个包。

（4）修改Program.cs文件，使用Office365GraphCoreMVCHelper 定义好的Startup类（增加下面代码中的UseSetting语句）。当前项目的Startup.cs文件可以删除。

```
using System;
using System.Collections.Generic;
using System.IO;
using System.Linq;
using System.Threading.Tasks;
using Microsoft.AspNetCore.Hosting;
namespace testaspnetcoremvc
{
    public class Program
    {
        public static void Main(string[] args)
        {
            var host = new WebHostBuilder()
                .UseKestrel()
                .UseContentRoot(Directory.GetCurrentDirectory())
                .UseIISIntegration()
                    .UseSetting("startupAssembly","Office365GraphCoreMVCHelp
er")
                .Build();
            host.Run();
        }
    }
}
```

（5）修改appsettings.json文件，确保文件中有如下Office365ApplicationInfo信息。

```
{
    "Office365ApplicationInfo":{
        "ClientId":"e91ef175-e38d-4feb-b1ed-f243a6a81b93",
        "ClientSecret":"2F5jdoGGNn59oxeDLE9fXx5tD86uvzIji74dmLaj3YI=",
        "Authority":"https://login.microsoftonline.com/office365devlabs.
onmicrosoft.com",
        "GraphResourceId":"https://graph.microsoft.com"
    },
    "Logging": {
        "IncludeScopes": false,
        "LogLevel": {
            "Default": "Warning"
        }
    }
}
```

（6）修改HomeController，在需要进行身份验证及调用Graph API的地方使用以下代码即可。

```
// 添加几个引用
using Office365GraphCoreMVCHelper;
using Microsoft.Extensions.Options;
using Microsoft.AspNetCore.Authorization;
// 修改构造函数，接受注入的配置信息
```

```
private IOptions<AppSetting> settings;
public HomeController(IOptions<AppSetting> options)
{
    settings = options;
}
// 在需要调用 Graph API 的 Action 中做以下修改
[Authorize]
public async Task<IActionResult> About()
{
    var client = await this.GetAuthenticatedClient(settings);
    var user = client.Me.Request().GetAsync().Result;
    ViewData["Message"] = $"Hello,{user.DisplayName}";
    return View();
}
```

2.4.6　扩展 Microsoft Graph 数据结构（开放扩展）

Microsoft Graph 是一张拥有巨大价值的网络，如图 2-99 所示，它定义了包括 Office 365 在内的资源的实体及其关系，它的价值体现在：随着用户积累的数据越来越多，经过授权的应用程序可以在这些数据的基础上得到很多有价值的信息，并且帮助用户更好地完成工作。

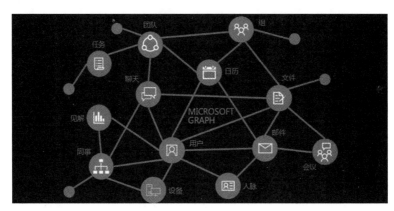

图 2-99

Microsoft Graph 也是 Office 365 从单纯的 SaaS 平台向 PaaS 平台发展的重要基石。既然是一个平台，自然就会带来另外一个问题：如果有大量的应用是基于 Microsoft Graph 构建的，而这些应用或多或少都希望保存一些自定义数据（如用户的个性化信息），那么这些信息保存在哪里比较合适？进一步来说，有没有可能在不同的应用之间共享数据呢？

Microsoft Graph 通过两种方式来实现这个需求：应用程序可以将自定义数据存放在 Graph 中（当然用户无须知道具体怎么存），这些数据会一直跟随着目标对象（如用户、组等）。这不仅降低了应用开发的复杂性，也排除了自行维护这些数据的风险和成本，同时又在 Graph 中为不同应用之间实现数据共享提供了支持。

这两种方式是"开放扩展"和"架构扩展"，前者更加简单，后者更加强大。下面主要介绍开放扩展。

本小节为入门讲解，若想详细了解各种对象如何自定义扩展，可参考官方文档 https://developer.microsoft.com/zh-cn/graph/docs/api-reference/v1.0/resources/opentypeextension。图 2-100 所示的对象支持开放扩展。

一般可用性（GA: /v1.0 和 /beta）或预览版 (/beta) 对应版本中的以下资源支持开放扩展。

资源	版本
管理单元	仅供预览
日历事件	GA
组日历事件	GA
组对话线程帖子	GA
设备	GA
组	GA
邮件	GA
组织	GA
个人联系人	GA
用户	GA

图 2-100

如果需要调用这个接口，则要确保授予了以下权限（这些权限是针对创建、更新、删除操作，如果只是读取则会略低一些），如图2-101所示。

若要调用此 API，必须有以下权限之一，具体视要在其中创建扩展的资源而定。要了解详细信息，包括如何选择权限的信息，请参阅权限。

支持的资源	权限	支持的资源	权限
设备	Device.ReadWrite.All	事件	Calendars.ReadWrite
组	Group.ReadWrite.All	组事件	Group.ReadWrite.All
组帖子	Group.ReadWrite.All	邮件	Mail.ReadWrite
组织	Directory.AccessAsUser.All	个人联系人	Contacts.ReadWrite
用户	Directory.AccessAsUser.All		

图 2-101

下面用实例来介绍如何为"用户对象"定义一个开放扩展，以便保存用户的"社交网络账号信息"。

首先，可以通过POST方法为当前用户创建一个开放扩展（socialaccount），并且添加微信和微博账号，如图2-102所示。

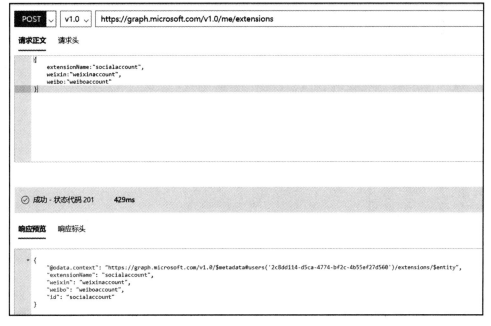

图 2-102

然后，可以通过GET方法来读取这些属性，如图2-103所示。

图 2-103

如果要对属性进行修改，则使用PATCH方法。注意，此时可以针对单个属性进行修改，如图2-104和图2-105所示。

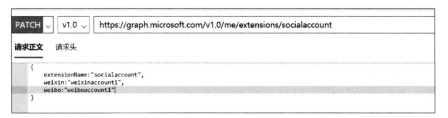

图 2-104

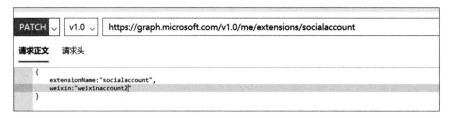

图 2-105

最后，如果要删除这个开放扩展，使用DELETE方法即可，如图2-106所示。

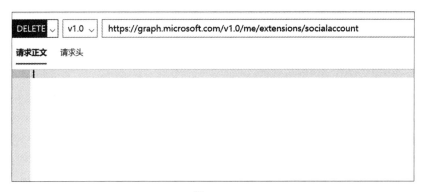

图 2-106

需要注意的是，开放扩展是针对单个对象的。就像上面的例子，虽然给这个用户对象扩展了一个 socialaccount 的属性集（里面有两个属性），但是其他用户并不会自动拥有这个扩展，如图 2-107 所示。

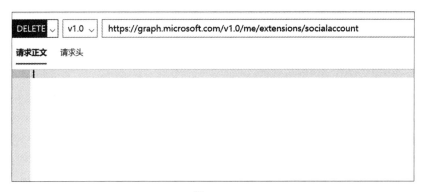

图 2-107

而且有意思的是，可以给其他用户也定义开放扩展，但不要求数据格式一样。如图 2-108 所示，虽然我给 zhang@office365devlabs.onmicrosoft.com 这个用户定义了一个 socialaccount 的属性集，但并没有为其提供微信和微博的账号信息，而是提供了 Twitter 信息。

这种架构是允许的，因为开放扩展是针对单个对象的。这种设计虽然具有灵活性，但也会带来一些潜在的问题。例如，如果不知道 zhang@office365devlabs.onmicrosoft.com 并没有定义微信的属性，这时去读取信息可能就会报错。

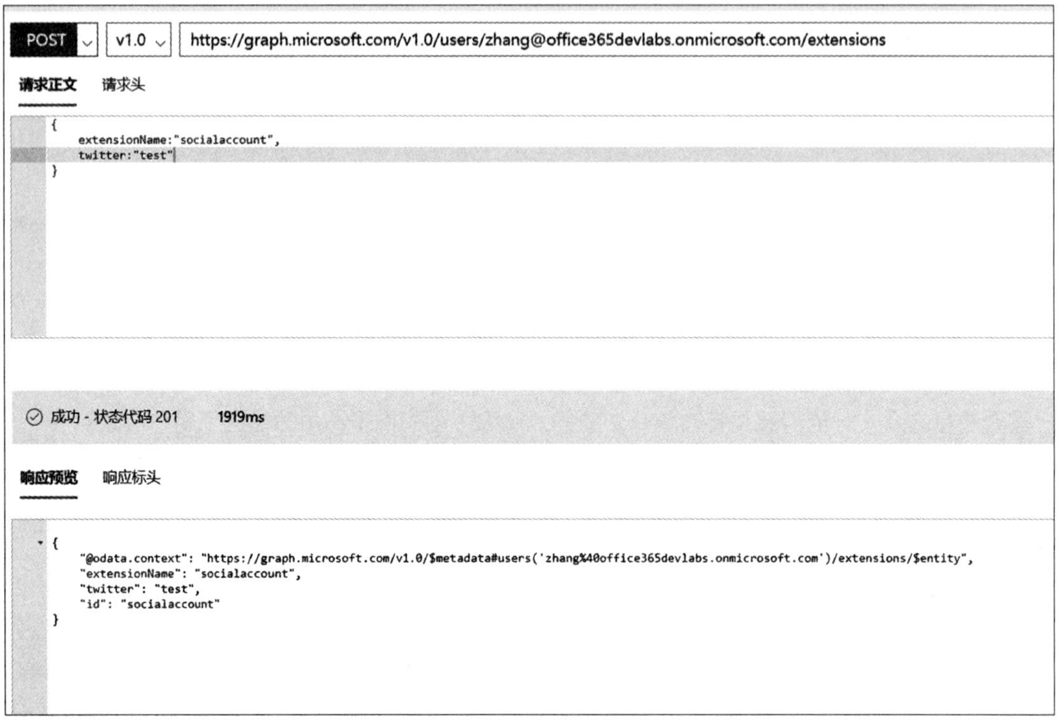

POST | v1.0 | https://graph.microsoft.com/v1.0/users/zhang@office365devlabs.onmicrosoft.com/extensions

请求正文　请求头

```
{
    extensionName:"socialaccount",
    twitter:"test"
}
```

⊘ 成功 - 状态代码 201　　**1919ms**

响应预览　响应标头

```
{
    "@odata.context": "https://graph.microsoft.com/v1.0/$metadata#users('zhang%40office365devlabs.onmicrosoft.com')/extensions/$entity",
    "extensionName": "socialaccount",
    "twitter": "test",
    "id": "socialaccount"
}
```

图 2-108

第3章

Office Add-in是为所有Office 365 & Office 开发人员准备的盛宴，它能够扩展Office 365 & Office的能力，也就是我们常说的"插件"。可以利用这些插件随时为自己及周围的同事定制一些有意思的功能，它们在本机的客户端（PC & Mac）、云端的在线版本（Office Online）及手机的App中都能运行，并且能给用户带来一致的体验。还可以将这个插件发布到Office Store中，让全世界数十亿的Office 365 & Office用户都可以使用它。本章包含以下内容。

1. Office Add-in架构和入门。

2. Office Add-in开发实践。

3. Office Add-in的技术原理和常见问题剖析。

第 3 章　Office Add-in 开发

3.1　Office Add-in 架构和入门

第 2 章用大量篇幅介绍了 Microsoft Graph，并进行了实例演示，还将 Office 365 的两个版本（国际版和中国版）和 Azure AD 的两个版本（Azure AD v1.0 和 Azure AD v2.0）进行了有针对性的比较。

Microsoft Graph 还有很多值得深入探究的地方，但是现在先来看看 Office 365 开发的全貌及其他有意思的内容，如图 3-1 所示。

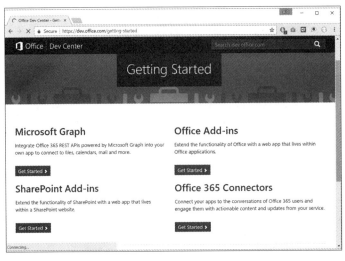

图 3-1

3.1.1　Office Add-in 开发概述

Microsoft Graph 可以很容易地将业务系统和 Office 365 集成起来，能够让用户快速利用 Office 365 的强大服务来增强业务应用能力。而 Office Add-in 则是为所有 Office 365 & Office 开发人员准备的盛宴，它用来扩展 Office 365 & Office 的功能，也就是我们所说的"插件"。用户可以随时为自己及周围的同事定制一些有意思的功能，它们在本机的客户端（PC & Mac）、云端的在线版本（Office Online）及手机的 App 中都能运行，并且能给用户带来一致的体验。还可以进一步将这个插件发布到 Office Store 中，让全世界数以亿计的 Office 365 & Office 用户都可以使用它。

总的来说，Office Add-in 的开发有以下 3 个特点。

（1）面向 Office 365 的订阅用户，也面向 Office 2013 或 Office 2016 的本地用户。但后者可能在某些细节功能上略有差异。

（2）Office Add-in 的开发采用了全新的技术架构（Web Add-in，后面会专门介绍），其主要目的在于实现"一次编写，处处运行"。

（3）Office Add-in 拥有一个成熟的生态环境，有庞大的用户群体（据不完全统计，地球上 1/7 的人在使用 Office），既有 Office Store，也有配套的技术社区。

截至目前，Office Add-in 支持的运行平台和可扩展的应用如图 3-2 所示。

	Office Online	Office 2013 for Windows	Office 2016 for Windows^	Office for iPad	Office 2016 for Mac	Office for iPhone	Office for Android	Office Mobile for Windows 10
Excel	details	details	details	details	details			
Outlook	details	details	details	details	details	details		
Word	details	details	details	details	details			
Powerpoint	details	details	details	details	details			
OneNote	details							
	details	Available now!			We're working on it			

图 3-2

这个范围可能会随着时间的推移而发生变化，具体可以关注 https://dev.office.com/add-in-availability。

3.1.2　Web Add-in 技术架构

相较之前的VBA（Visual Basic for Application）和VSTO（Visual Studio Tools for Office）开发，我们将这一代的Office Add-in开发技术称为"Web Add-in"，顾名思义，就是使用最普遍的Web技术来进行Office Add-in的开发。这一方面降低了技术的门槛，因为如果开发者已经有了Web的开发经验，就很容易上手，无须特别学习；但另一方面也抬高了技术的门槛，对于一些早期的Office 插件开发者来说，这是一个不太熟悉的领域，要学的新东西太多，可能会增加他们的转换成本。无论如何，Web Add-in是一个有益的补充（使用它并不意味着要抛弃此前的VBA和VSTO），也是跨平台和移动化的需要。

从技术的角度来看，Web Add-in确实与早期有较大差异。从图3-3中可以看出，Web Add-in是由两个部分组成的，首先是用来声明Add-in的Manifest文件，这是一个标准的XML文件；其次是一个标准的Web应用程序，所有的功能都是在Web应用程序中实现的，对于具体用什么技术来实现没有要求，其核心是调用Office.js这个脚本文件完成与Office 应用程序的交互。采用这种结构，有利于开发和部署的分离。通常来说，开发好的Web应用可以部署到任何地方，而给Office 管理员或用户的只是Manifest文件。

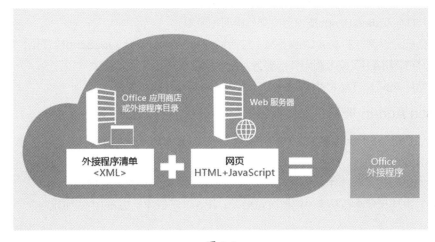

图 3-3

Office.js 是对 Office 应用程序对象模型的封装。它还在不断的完善当中，但与 VBA 和 VSTO 所拥有的完整 COM 对象模型还略有差异。有兴趣的话可以关注 https://dev.office.com/reference/add-ins/javascript-api-for-office。

所以，如果要谈 Web Add-in 的技术架构，需要做到以下几点。

（1）掌握一门 Web 应用开发技术（不论是微软的 ASP.NET、ASP.NET Core，还是 PHP、NodeJS、Python 等，都是可以的）。

（2）掌握 Web 应用程序的托管技术（既可以部署在自己的托管服务器上，也可以部署在微软的 Azure App Service 中）。

（3）了解如何将 Manifest 文件分发给用户（既可以将文件发给用户，也可以集中在 Office 365 中部署，还可以发布到 Office Store 中）。

值得注意的是，Web Add-in 对于运行的环境也有一定的要求，具体可以参考 https://dev.office.com/docs/add-ins/overview/requirements-for-running-office-add-ins，这里特别要讲解的是浏览器兼容性。

（1）如果 Web Add-in 是在 Windows 中运行的，则必须至少安装 IE 11，即使不将其设置为默认浏览器。

（2）不论 Web Add-in 是在 Windows 中运行还是在 MacOS 中运行，只接受将 5 种浏览器设置为默认浏览器：IE 11（或更高版本）、最新版本的 Microsoft Edge、Chrome、Firefox 及 Safari。

3.1.3　Office Add-in 能做什么

那么，Office Add-in 到底能做什么？

（1）为 Office 客户端添加新功能。例如，单击某个工具栏按钮后，调用外部的服务来处理文档或邮件。这种插件通常会注册一些命令（Add-in command），并关联到 Office Ribbon 区域，当用户单击后，可以直接根据当前上下文（Office Context）进行操作；或者打开一个任务面板（Task Pane），提供一个界面，让用户可以进一步根据需求进行操作。

（2）为 Office 文档添加新的内容。主要是指在 Excel 和 PowerPoint 中，可以为文档插入一些特殊的对象，如地图、图表和可视化元素等。

还有一些技术细节，有兴趣的读者可以了解一下。

（1）创建自定义的 Ribbon 按钮和选项卡来扩展 Office 原生界面。

（2）使用 HTML 和 JavaScript 技术创建交互界面和逻辑。

（3）可以搭配业界流行的 JavaCript 框架（包括 jQuery、Angular 及 TypeScript）使用，简化开发。

（4）使用 HTTP 和 AJAX 技术调用外部服务。

（5）如果使用 ASP.NET 和 PHP 等技术，可以运行服务器代码和逻辑。

3.1.4　Office Add-in 概览

截至目前，Office Store 中有 1080 个不同类型的 Office Add-in，如图 3-4 所示（注意，图 3-4 所示的是国际版 Office Store）。

在不同的 Office 应用程序中，通过在"插入"选项卡中选择"Office 加载项"中的"应用商店"选项，可以查看与该应用程序直接相关的所有 Add-in。图 3-5 所示的是 Excel 中的加载项列表。

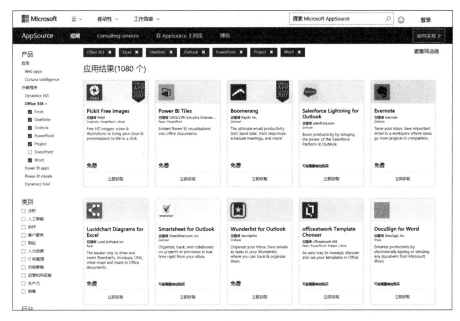

图 3-4

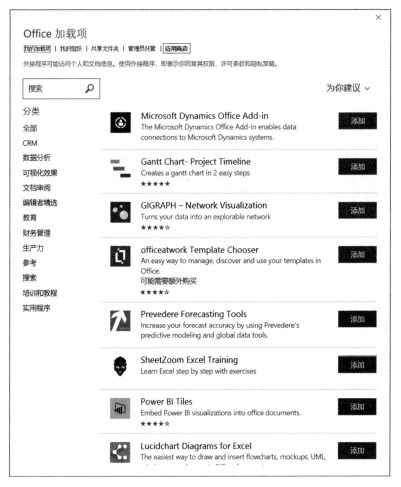

图 3-5

3.2 Office Add-in 开发实践

3.2.1 在 Visual Studio 中开发 Office Add-in

前面提到过，要进行Office Add-in的开发，可以选择自己最喜欢的Web开发平台和工具。这里首先展示的是用微软提供的Visual Studio系列工具进行开发。

Visual Studio的IDE伴随了我的整个编程生涯，与此同时，Visual Studio 2005开始提供对Office Add-in开发的内置支持。

当时的技术叫作VSTO，其内在的机制是用托管代码封装Office的COM对象模型，在Visual Studio中编写C#或VB.NET的代码，最终会编译成一个dll，打包成一个vsto的文件，部署到计算机的特定目录后，相应的Office客户端在启动时就会加载vsto文件中定义好的Add-in，并执行其中的代码，或是自动执行某些功能（或监听某个事件进行响应），或是在Ribbon中添加一些按钮，等待用户单击后执行某些操作。

每一代Visual Studio都有对应的Office Add-in开发的更新，如图3-6所示。在最近的几个版本中，除了继续支持VSTO外，还继续提供对新一代Web Add-in的支持，如图3-7所示。

图 3-6

图 3-7

使用Visual Studio开发Office Add-in非常高效，因为有标准的项目模板，有向导式的工具，并且直接支持一键式调试，如图3-8所示。

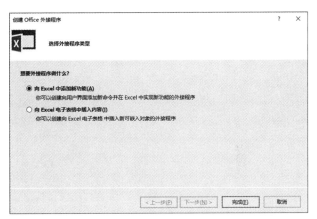

图 3-8

由于不同的 Office 客户端对 Add-in 支持的功能会略有差异，因此用户所选择的项目模板不同，看到的向导界面可能也会略有不同。

单击图 3-8 中的"完成"按钮后，可以看到一个类似于图 3-9 的项目结构。

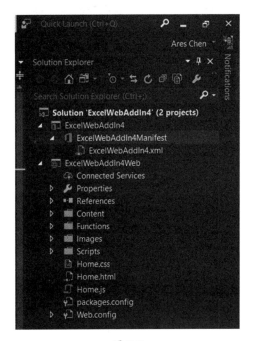

图 3-9

最左边的是 Manifest 文件，中间是 Web 应用程序的首页——home.html，这两个部分是通过 Manifest 文件中的以下内容进行关联的。

```
<DefaultSettings>
<SourceLocation DefaultValue="~remoteAppUrl/Home.html"/>
</DefaultSettings>
```

以上代码中的"~remoteAppUrl"只是一个占位符，后续在真正调试或部署时会替换成真正的地址。

关于 Manifest 文件的具体规范，以及 Web 应用程序开发的细节，以后会专门进行讲解。现在按"F5"键直接运行，效果如图 3-10 所示。

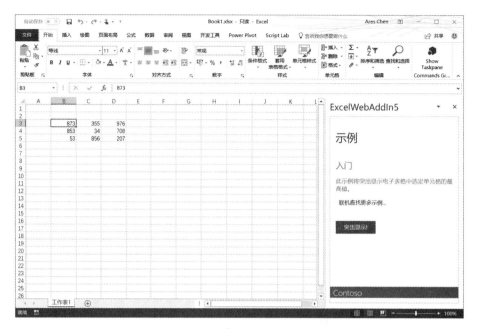

图 3-10

Add-in 会在"开始"Tab 里增加一个 Add-in Command——"Show TaskPane"按钮，单击这个按钮后，工作表的右侧会出现一个任务面板，同时会插入一些范例数据到工作表中。如果选中这些数据，同时在任务面板中单击"突出显示！"按钮，它会把这些数字中的最大值找出来，并且进行高亮显示，如图 3-11 所示。

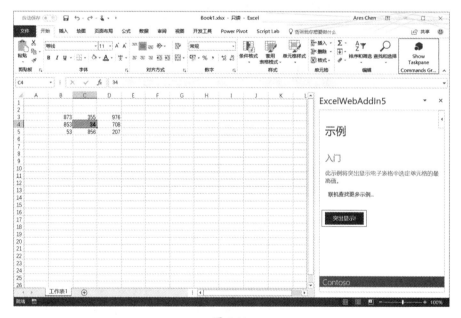

图 3-11

以上面这个项目为例，在按下"F5"键时，Visual Studio 其实做了以下一系列事情。

（1）编译和生成 ExcelWebAddin5Web 项目，并且在本地用 IIS Express 将其运行起来。我的计算机上的运行地址为 https://localhost:44308/，这是在项目属性中指定的，如图 3-12 所示。

图 3-12

（2）编译和生成 ExcelWebAddIn5 这个项目，并用上面的地址替换了 Manifest 文件中的
"~remoteAppURL"，如图3-13所示。

图 3-13

与此同时，会生成一个 Book1.xlsx 的文件用来做测试，如图3-14所示。

图 3-14

（3）Visual Studio 启动 Excel，加载 Book1.xlsx，并用开发模式加载上面的 Manifest 文件，也就是
加载 ExcelWebAddIn5，如图3-15所示。

图 3-15

为什么开始 Tab 中会有那个自定义的按钮？这是因为在 Manifest 文件中定义了以下信息。

```
<ExtensionPoint xsi:type="PrimaryCommandSurface">
<!-- 使用 OfficeTab 来扩展现有选项卡。使用 CustomTab 来创建新选项卡。 -->
<OfficeTab id="TabHome">
<!-- 确保为组提供唯一 ID。建议 ID 为使用公司名的命名空间。 -->
<Group id="Contoso.Group1">
<!-- 为组指定标签。resid 必须指向 ShortString 资源。 -->
<Label resid="Contoso.Group1Label" />
<!-- 图标。必需大小：16、32、80，可选大小：20、24、40、48、64。 -->
<!-- 使用 PNG 图标。资源部分中的所有 URL 必须使用 HTTPS。 -->
<Icon>
<bt:Image size="16" resid="Contoso.tpicon_16x16" />
<bt:Image size="32" resid="Contoso.tpicon_32x32" />
<bt:Image size="80" resid="Contoso.tpicon_80x80" />
</Icon>
<!-- 控件。可以为"按钮"类型或"菜单"类型。 -->
<Control xsi:type="Button" id="Contoso.TaskpaneButton">
<Label resid="Contoso.TaskpaneButton.Label" />
<Supertip>
<!-- 工具提示标题。resid 必须指向 ShortString 资源。 -->
<Title resid="Contoso.TaskpaneButton.Label" />
<!-- 工具提示标题。resid 必须指向 LongString 资源。 -->
<Description resid="Contoso.TaskpaneButton.Tooltip" />
</Supertip>
<Icon>
<bt:Image size="16" resid="Contoso.tpicon_16x16" />
<bt:Image size="32" resid="Contoso.tpicon_32x32" />
<bt:Image size="80" resid="Contoso.tpicon_80x80" />
</Icon>
<!-- 这是触发命令时的操作（如单击功能区）。支持的操作为 ExecuteFunction 或 ShowTaskpane。
-->
<Action xsi:type="ShowTaskpane">
<TaskpaneId>ButtonId1</TaskpaneId>
<!-- 提供将显示在任务窗格上的位置的 URL 资源 ID。 -->
<SourceLocation resid="Contoso.Taskpane.Url" />
</Action>
</Control>
</Group>
</OfficeTab>
</ExtensionPoint>
```

事实上，单击按钮就是显示出来那个 TaskPane（任务面板）而已，唯一做的设置就是指定了这个面板默认打开的 URL 地址，这是在 Resources 中设定的。

```
<Resources>
<bt:Images>
<bt:Image id="Contoso.tpicon_16x16" DefaultValue="~remoteAppUrl/Images/
Button16x16.png" />
<bt:Image id="Contoso.tpicon_32x32" DefaultValue="~remoteAppUrl/Images/
Button32x32.png" />
```

```
<bt:Image id="Contoso.tpicon_80x80" DefaultValue="~remoteAppUrl/Images/
Button80x80.png" />
</bt:Images>
<bt:Urls>
<bt:Url id="Contoso.DesktopFunctionFile.Url" DefaultValue="~remoteAppUrl/
Functions/FunctionFile.html" />
<bt:Url id="Contoso.Taskpane.Url" DefaultValue="~remoteAppUrl/Home.html" />
<bt:Url id="Contoso.GetStarted.LearnMoreUrl" DefaultValue="https://go.
microsoft.com/fwlink/?LinkId=276812" />
</bt:Urls>
<!-- ShortStrings 最大字符数 ==125。-->
<bt:ShortStrings>
<bt:String id="Contoso.TaskpaneButton.Label" DefaultValue="Show Taskpane" />
<bt:String id="Contoso.Group1Label" DefaultValue="Commands Group" />
<bt:String id="Contoso.GetStarted.Title" DefaultValue="Get started with your
sample add-in!" />
</bt:ShortStrings>
<!-- LongStrings 最大字符数 ==250。 -->
<bt:LongStrings>
<bt:String id="Contoso.TaskpaneButton.Tooltip" DefaultValue="Click to Show a
Taskpane" />
<bt:String id="Contoso.GetStarted.Description" DefaultValue="Your sample add-
in loaded succesfully. Go to the HOME tab and click the 'Show Taskpane'
button to get started." />
</bt:LongStrings>
</Resources>
```

也就是说，任务面板会默认加载 Web 应用程序的 Home.html 页面，而如果打开这个文件，就会发现除了一些简单的布局设计之外，其核心部分的逻辑是写在一个 Home.js 文件中的。这个 js 文件的核心代码是下面这段，它做了一些基本的判断，然后加载了范例数据（loadSampleData），并且为页面上的一个编号为"highlight-button"的按钮绑定了一个事件（highlightHighestValue）。

```
// 每次加载新页面时都必须运行初始化函数
Office.initialize = function (reason) {
        $(document).ready(function () {
// 初始化 FabricUI 通知机制并隐藏
var element = document.querySelector('.ms-MessageBanner');
messageBanner = new fabric.MessageBanner(element);
messageBanner.hideBanner();
// 如果未使用 Excel 2016, 请使用回退逻辑
if (!Office.context.requirements.isSetSupported('ExcelApi', '1.1')) {
                $("#template-description").text("此示例将显示电子表格中选定单元格
的值。");
                $('#button-text').text("显示 !");
                $('#button-desc').text("显示所选内容");
                $('#highlight-button').click(displaySelectedCells);
return;
                }
                $("#template-description").text("此示例将突出显示电子表格中选定单
元格的最高值。");
                $('#button-text').text("突出显示 !");
                $('#button-desc').text("突出显示最大数字。");
```

```
            loadSampleData();
//  为突出显示按钮添加单击事件处理程序
            $('#highlight-button').click(hightlightHighestValue);
        });
    };
```

3.2.2 在 Visual Studio Code 中开发 Office Add-in

前面介绍了如何在 Visual Studio 中开发 Office Add-in，因为有标准的项目模板和一系列配套的工具，尤其是自带的一键调试功能，可以让开发人员很快开始探索。

Visual Studio 家族这几年增加了一个新成员—— Visual Studio Code。这是一款跨平台的代码编辑工具（可以在 PC、Mac 及 Linux 上运行），它更加轻量，主要为新一代的 Web 应用开发人员而设计（也引起了老一辈的 Visual Studio 的忠实用户的广泛关注），对几乎所有的开源平台和开发语言都有较好的支持。

Visual Studio Code 提供了对 Office Add-in 开发的完美支持，本节来完整体验一下。

➲ 安装工具

要进行 Office Add-in 的开发。除了要安装 Visual Studio Code 外，还需要做一些额外的准备工作。这是与 Visual Studio 略有不同的地方：它会多一些步骤，但留给开发人员的可控性也从一定程度上促使其去了解更多的细节，这也是不少开发人员喜欢 Visual Studio Code（或同类以代码为中心的编辑器）的原因之一。

（1）安装 Node.js。Node.js 是这几年出现的一个广受欢迎的全新开发工具，它颠覆了人们对于 JavaScript 能力边界的认识，并且在高并发、低计算的 Web 应用场景中有较好的表现。请安装 Node.js 并通过图 3-16 所示的命令确认其是否安装正确。

图 3-16

（2）安装 Node.js 版本的 Office Add-in 模板。虽然 Visual Studio Code 强调以代码为中心，但也不是从零开始做，Node.js 的很多开发场景都有配套的模板来辅助开发。要实现这个目的，首先需要安装一个 yo 的模块。这是一个工具，用来加载模板（或所谓的生成器—— generator）。下面这行命令既安装了 yo，也安装了一个 Office 开发对应的 generator，如图 3-17 所示。

```
npm install -g yo generator-Office
```

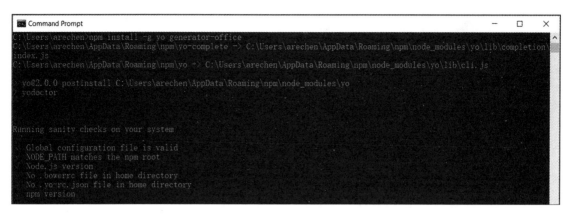

图 3-17

yo 的全称是 Yeoman，有兴趣的读者可以参考它的官方网站 http://yeoman.io/，也可以提交自己的 generator。

⊃ 创建项目

做好上述准备后，就可以通过以下命令来创建 Office Add-in 项目了。

```
yo office
```

此时会有一个向导问几个问题，在做出选择并最终按下回车键后，它就会自动生成一个 Office Add-in 项目，这是一个基于 Node.js 的项目，如图 3-18 所示。

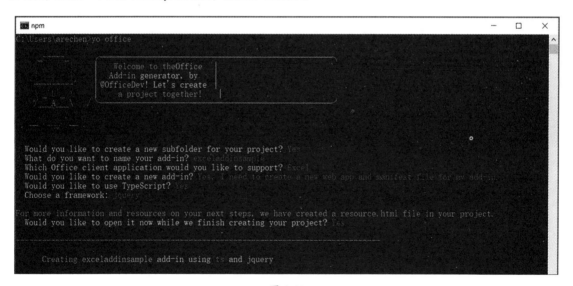

图 3-18

如果最后一个问题回答了"Yes"，则项目生成后还会自动打开一个操作指南，如图 3-19 所示。

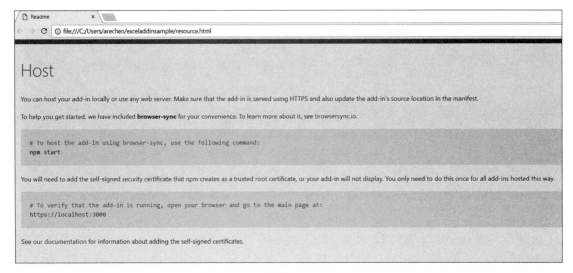

图 3-19

通过下面的命令可以将这个项目运行起来，如图3-20所示。

```
npm start
```

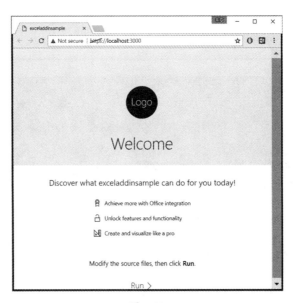

图 3-20

○ 调试项目

那么，如何让Add-in在Excel中运行呢？上面的操作指南给出了几个步骤，如图3-21所示。

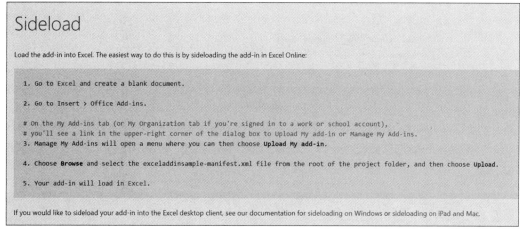

图 3-21

以上步骤是在Excel Online中操作的步骤，如果要在桌面版进行测试，则需要参考https://docs. microsoft.com/zh-cn/office/dev/add-ins/testing/create-a-network-shared-folder-catalog-for-task-pane-and- content-add-ins。简单来说，就是需要将Add-in的Manifest文件复制到一个共享目录中，如图3-22所示。

图 3-22

然后将这个目录加入Office客户端的信任位置中，如图3-23所示。

图 3-23

这里还可以设置一些其他的catalog路径，包括SharePoint站点。

完成上述操作后，在插入Office加载项时，在图3-24所示的界面中选择"共享文件夹"，就可以看到相关的Add-in了。

图 3-24

如果单击Office 软件上方的"添加"(Add)按钮,Excel会加载这个Add-in。作为一个还没有做过任何改动的标准Add-in,它只会增加一个"Show Taskpane"按钮,单击该按钮可以打开任务面板,如图3-25所示。

图 3-25

需要注意的是,Office Add-in要求的Web Url是https的,但在本机测试的时候,因为证书是自签名的,所以会显示错误,但可以查看详情继续运行。

如果有兴趣,可以留意一下此前那个命令行窗口的输出,如图3-26所示。

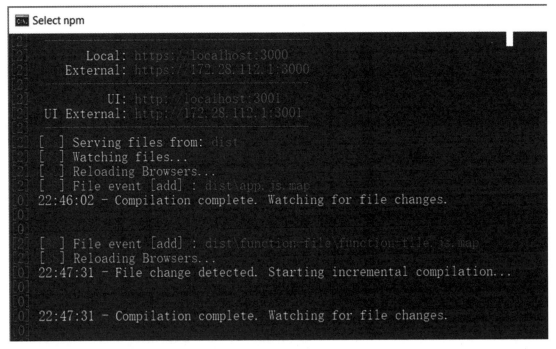

图 3-26

◯ 使用 Visual Studio Code进行编程

使用Visual Studio Code打开这个项目(准确来说是一个目录,因为在Code中其实没有项目的概念),然后会看到图3-27所示的目录结构。

图 3-27

里面有很多文件是大家所熟悉的，如 officeaddinsample-Manifest.xml，这与3.2.1节的例子基本相同。有意思的是里面还有app.ts文件。

ts文件是TypeScript文件，而TypeScript是一种自由和开源的编程语言。它是JavaScript的一个严格的超集，并且添加了可选的静态类型和基于类的面向对象编程。TypeScript是著名的Turbo Pascal、Delphi和C#的发明者安德斯·海尔斯伯格的又一力作。

3.2.3　实战 Excel Add-in 的三种玩法

本节提到的三种玩法是指最早的VBA技术、后来的VSTO技术及现在的Web Add-in技术。如果大家对于这些基本概念及 Office 365 的开发还不太熟悉，欢迎阅读本书第一章的 Office 365 开发概述及生态环境介绍。

➲ 案例介绍

为了演示如何自定义开发，并且对比在不同的技术下实现方式的差异，本节将以下面的一个需求作为案例展开。假设需要为Excel增加一项功能：用户单击一个菜单或按钮后，可以动态生成一些统计数据，并且根据这些数据生成一个柱状图，如图3-28所示。

图 3-28

⊃ VBA

VBA是最早的一个用来扩展Office应用程序的技术，由于其简单易用且功能强大，在全世界范围内拥有数以亿计的用户。VBA很擅长实现上面提到的这种需求，尤其是当数据本身就来自Excel内部的时候。

学习VBA的一个最好的起点就是录制宏。就本案例而言，即使是VBA的初学者，也可以尝试一步步地输入数据并生成图表，然后将生成的代码稍作整理和修改后，其结果如图3-29所示。

图 3-29

完整代码可以通过 https://gist.github.com/chenxizhang/3bc5e940f59f9e30d13cb88e3a6c8a6a 获取，可以在Excel的VBA编辑器中新建一个模块，然后将这个代码复制进去，最后按下"F5"键运行即可看到效果。

32位和64位版本在一些数据类型方面有较大差异，以上代码只能在32位版本的Excel中运行。

⊃ VSTO

VSTO是在Visual Studio 2005这个版本中正式引入的，它的好处是可以基于功能强大且已经被证明成功的Microsoft .NET平台进行编程，这意味着可以使用Visual Studio进行快速开发。同时，使用.NET Framework 的全部功能可以访问任何想要的资源。VSTO的开发语言有VB.NET和C#两种。

从短期来看，使用VB.NET可能是最简单的，因为绝大部分语法都是一致的。但从长期来看，我建议大家学习一下C#，这是专门为.NET设计的语言，如图3-30所示。

图 3-30

Visual Studio 的项目模板非常强大，它会自动生成很多代码。对于一个VSTO的Add-in来说，最常见的做法是为它创建对应的 Ribbon 功能区，如图 3-31 所示。当用户单击某个按钮后，可根据当前的上下文进行相关的代码处理。

图 3-31

也可以在 Ribbon 的设计器中添加一个按钮，将图 3-32 所示的代码复制到按钮的单击事件中，然后按下 "F5" 键即可进行调试。

```csharp
1 个引用 | 0 项更改 | 0 名作者，0 项更改
private void Ribbon1_Load(object sender, RibbonUIEventArgs e)
{

}

1 个引用 | 0 项更改 | 0 名作者，0 项更改
private void button1_Click(object sender, RibbonControlEventArgs e)
{
    Worksheet sh = Globals.ThisAddIn.Application.ActiveWorkbook.Worksheets.Add();

    sh.Activate();
    Range rng = sh.Cells[1, 1];
    rng.Value = "Quarterly Sales Report";
    rng.Font.Name = "Century";
    rng.Font.Size = 26;
    rng.Resize[1, 5].Merge();
    rng.HorizontalAlignment = XlHAlign.xlHAlignCenter;

    Range headerRow = rng.Offset[1, 0].Resize[1, 5];
    headerRow.Value = new[] { "Product", "Qtr1", "Qtr2", "Qtr3", "Qtr4" };
    headerRow.Font.Bold = true;

    Range dataRng = rng.Offset[2, 0].Resize[6, 5];
    dataRng.Value = new object[,]{
        { "Frames", 5000, 7000, 6544, 4377 },
        { "Saddles", 400, 323, 276, 651 },
        { "Brake levers", 12000, 8766, 8456, 9812 },
        { "Chains", 1550, 1088, 692, 853 },
        { "Mirrors", 225, 600, 923, 544 },
        { "Spokes", 6005, 7634, 4589, 8765 }
    };
```

图 3-32

完整代码可以通过 https://gist.github.com/chenxizhang/c249740f63edf8c29d18700fb357474d 或 https://gist.github.com/chenxizhang/e75b849b1d2ef6eab5d742a9c976527d 获取，前者是 VB.NET 代码，后者是 C# 代码。

⊃ Web Add-in

Web Add-in 是从 Office 2013 开始支持新的开发模式的，它具有划时代的意义。主要在于利用业界标准的 Web 开发技术进行 Add-in 开发，不仅同时具有跨平台和设备的先天优势，而且集中化部署也降低了运维的复杂性。

不同于 VBA 到 VSTO 的平滑过渡，这个新技术对于传统的 VBA 和 VSTO 的开发者来说，最大的挑战

在于要学习全新的Web开发技术。Web Add-in包括但不仅限于HTML、CSS、JavaScript、TypeScript（可选）及NodeJS（可选）这些主流技术，大家要有一定的心理准备。

本节的范例是使用NodeJS实现的，所以如果要运行范例，需要先安装好NodeJS的运行环境，可以参考 https://nodejs.org/en/。

在开发工具方面，Visual Studio仍然提供了非常好用的模板，但Visual Studio Code可能是一个更好的选择，尤其是在准备学习和使用基于NodeJS来开发Office Add-in时。

有一个有意思的小插件——Script Lab，它可以在不离开Excel界面的情况下，快速开始学习Web Add-in的开发。这个插件本身就是一个非常典型的Add-in的范例，是由微软内部开发的，它提供了很多样例代码，可以帮助开发者熟悉全新的、基于JavaScript的对象模型。

只要拥有Office 365的账号，就可以免费使用这个插件。具体的操作方式是在当前Office软件顶部Ribbon工具栏中，找到"插入"选项卡，然后单击"应用商店"链接，搜索"Script Lab"进行安装，如图3-33所示。

图 3-33

安装成功后，顶部的Ribbon工具栏会多出一个"Script Lab"选项卡，单击"Code"按钮，然后找到Report Generation的Sample，如图3-34所示。

```
Code
    Report generation    Run   Share   Delete   chenuzhong
    Script  Template  Style  Libraries
1   $("#create-report").click(() => tryCatch(createReport));
2
3   /** Load sample data into a new worksheet and create a chart */
4   async function createReport() {
5       await Excel.run(async (context) => {
6           const sheet = context.workbook.worksheets.add();
7
8           try {
9               await writeSheetData(sheet);
10              sheet.activate();
11              await context.sync();
12          }
13          catch (error) {
14              // Try to activate the new sheet regardless, to show
15              // how far the processing got before failing
16              sheet.activate();
17              await context.sync();
18
19              // Then re-throw the original error, for appropriate error-handling
20              // (in this snippet, simply showing a notification)
21              throw error;
22          }
23      });
24
25      OfficeHelpers.UI.notify("Sucess!",
26          "Report generation completed.");
27  }
28
29  async function writeSheetData(sheet: Excel.Worksheet) {
30      // Set the report title in the worksheet
31      const titleCell = sheet.getCell(0, 0);
32      titleCell.values = [["Quarterly Sales Report"]];
33      titleCell.format.font.name = "Century";
34      titleCell.format.font.size = 26;
```

图 3-34

现在无须做任何代码修改，直接运行就可以了。

关于在Visual Studio Code中如何开发和测试Office Add-in，微软官方也有一篇文章可以参考，可以通过https://code.visualstudio.com/docs/other/office查看。用Script Lab运行成功的代码几乎可以原封不动地复制到Visual Studio Code中，做成一个真正的Add-in，并且通过自己的渠道分发出去。

3.2.4　详解 Office Add-in 清单文件

一个Office Add-in主要由两部分组成：清单文件（Manifest）和真正要用来执行的网站。清单文件其实是一个标准的XML文件，它有固定的Schema。目前来说，最新版本的清单文件必须指定"http://schemas.microsoft.com/office/appforoffice/1.1"作为Schema，否则某些功能可能无法正常使用。当然，指定Schema不需要手动去做，毕竟不管是用Visual Studio的项目模板，还是用其他开发工具（如Visual Studio Code），清单文件都是自动生成的，而且默认已经指定了1.1这个版本。

一个典型的清单文件如图3-35所示。

图 3-35

下面从三个方面分别对清单文件进行详细介绍。

○ 基本属性定义

清单文件中的根元素是OfficeApp，这里会指定几个namespace，但同时会有一个至关重要的属性——xsi:type，目前支持以下三种类型的Office Add-in。

（1）ContentApp，这是内容应用，主要在Excel和PowerPoint中使用。通过这类Add-in，可以为宿主程序添加自定义的内容元素，如一个自定义地图。

（2）TaskPaneApp，这是应用最广的类型。通过这类Add-in，可以为宿主程序添加自定义的功能。例如，通过一个自定义菜单执行某些操作。

（3）MailApp，这是专门用于Outlook的Add-in。

除此之外，OfficeApp还需要包含以下基本元素。

（1）Id，唯一的编号（一个GUID）。

（2）Version，版本信息，在更新时可能需要修改。

（3）ProviderName，作者及公司信息。

（4）DefaultLocale，默认的语言，格式类似于en-US，下面还会介绍多语言支持的功能。

（5）DisplayName，显示名称。

（6）Description，描述。

（7）IconUrl，图标文件路径（32×32，PNG格式）。

（8）HighResolutionIconUrl，高清图片文件路径。

（9）SupportUrl，技术支持网址。

（10）AppDomains，如果应用中需要导航到其他网站（不同域），需要在这里定义。

（11）Hosts，宿主形式。因为一个Add-in可以同时用于几个不同的宿主（如Word、Excel等），所以这里可以定义多个Host，如Document（Word）、Database（Access）、Mailbox（Outlook）、Notebook（OneNote）、Presentation（PowerPoint）、Project（Project）、Workbook（Excel）。

（12）DefaultSettings，默认设置，最关键的属性是SourceLocation，这是用来指定Add-in加载时默认显示的页面。另外，不同的Add-in可能还会有一些自己的DefaultSettings。例如，ContentApp还可以设置RequestedWidth和RequestedHeight这两个属性，以确定自定义内容默认的尺寸。

（13）Permissions，这是规定Add-in拥有的对于宿主和文档的访问权限，不同的Add-in有不同的Permission设置。

①ContentApp 和 TaskPaneApp。

```
<Permissions>[Restricted|ReadDocument|ReadAllDocument|WriteDocument|
ReadWriteDocument]</Permissions>
```

②MailApp。

```
<Permissions>[Restricted | ReadItem | ReadWriteItem | ReadWriteMailbox]</
Permissions>
```

值得一提的是，如果是用Visual Studio 项目模板生成的清单文件，IconUrl及SourceLocation 等属性会包含一个特定的地址"~remoteurl"，它会在工具进行编译和发布时自动替换为网站的根地址。而在Visual Studio code等工具中，可能需要进行精确的设置。

➲ 通过清单文件自定义 Ribbon 功能区

作为TaskPaneApp（任务面板），最常见的做法是在启动后为宿主程序添加一个工具栏按钮，用户单击该按钮就能执行某个操作（打开任务面板和执行某个JavaScript函数）。本节主要介绍的是自定义Ribbon的方式。

如要在清单文件中定义工具栏和清单，需要添加VersionOverrides元素。一个最简单的Ribbon功能区定义如下。

要想实现文档打开时能够自动加载某个TaskPaneApp，而无须进行VersionOverrides，直接保留DefaultSettings即可。这样，用户在选择插入该Add-in时，就不会去改变宿主程序的菜单（Ribbon和Context Menu），而是自动打开任务面板。而且最关键的是，在这种情况下再次打开文档时也会自动打开这个任务面板。

```xml
<VersionOverrides xmlns="http://schemas.microsoft.com/office/
taskpaneappversionoverrides" xsi:type="VersionOverridesV1_0">
<Hosts>
<Host xsi:type="Workbook">
<DesktopFormFactor>
<GetStarted>
<Title resid="Contoso.GetStarted.Title"/>
<LearnMoreUrl resid="Contoso.GetStarted.LearnMoreUrl"/>
</GetStarted>
<!-- 函数文件是定义可以直接被调用的 JavaScript 函数所在的位置 -->
<FunctionFile resid="Contoso.DesktopFunctionFile.Url" />
<!-- 扩展定义 -->
<ExtensionPoint xsi:type="PrimaryCommandSurface">
<!-- 如果是扩展现有的 Tab, 则使用 OfficeTab; 如果是创建新的 Tab, 则使用 CustomTab -->
<OfficeTab id="TabHome">
<!-- 这个 id 必须唯一, 可以结合公司的名称 . -->
<Group id="Contoso.Group1">
<Label resid="Contoso.Group1Label" />
<Icon>
<bt:Image size="16" resid="Contoso.tpicon_16x16" />
<bt:Image size="32" resid="Contoso.tpicon_32x32" />
<bt:Image size="80" resid="Contoso.tpicon_80x80" />
</Icon>
<Control xsi:type="Button" id="Contoso.TaskpaneButton">
<Label resid="Contoso.TaskpaneButton.Label" />
<Supertip>
<Title resid="Contoso.TaskpaneButton.Label" />
<Description resid="Contoso.TaskpaneButton.Tooltip" />
</Supertip>
<Icon>
<bt:Image size="16" resid="Contoso.tpicon_16x16" />
<bt:Image size="32" resid="Contoso.tpicon_32x32" />
<bt:Image size="80" resid="Contoso.tpicon_80x80" />
</Icon>
<!-- 下面是打开一个内容面板的方式 -->
<Action xsi:type="ShowTaskpane">
<TaskpaneId>ButtonId1</TaskpaneId>
<SourceLocation resid="Contoso.Taskpane.Url" />
</Action>
<!-- 下面是执行一个 JavaScript 函数的方式 -->
<Action xsi:type="ExecuteFunction">
<FunctionName>SubmitDataToServer</FunctionName>
</Action>
</Control>
</Group>
</OfficeTab>
</ExtensionPoint>
</DesktopFormFactor>
</Host>
</Hosts>
<!-- 目前规定所有的定义必须用资源的形式来做, 避免重复定义 -->
<Resources>
<bt:Images>
<bt:Image id="Contoso.tpicon_16x16" DefaultValue="~remoteAppUrl/Images/
Button16x16.png" />
<bt:Image id="Contoso.tpicon_32x32" DefaultValue="~remoteAppUrl/Images/
Button32x32.png" />
```

03

```
<bt:Image id="Contoso.tpicon_80x80" DefaultValue="~remoteAppUrl/Images/
Button80x80.png" />
</bt:Images>
<bt:Urls>
<bt:Url id="Contoso.DesktopFunctionFile.Url" DefaultValue="~remoteAppUrl/
Functions/FunctionFile.html" />
<bt:Url id="Contoso.Taskpane.Url" DefaultValue="~remoteAppUrl/Home.html" />
<bt:Url id="Contoso.GetStarted.LearnMoreUrl" DefaultValue="https://go.
microsoft.com/fwlink/?LinkId=276812" />
</bt:Urls>
<!-- ShortStrings 最长可以 125. -->
<bt:ShortStrings>
<bt:String id="Contoso.TaskpaneButton.Label" DefaultValue="Show Taskpane" />
<bt:String id="Contoso.Group1Label" DefaultValue="Commands Group" />
<bt:String id="Contoso.GetStarted.Title" DefaultValue="Get started with your
sample add-in!" />
</bt:ShortStrings>
<!-- LongStrings 最长可以 250. -->
<bt:LongStrings>
<bt:String id="Contoso.TaskpaneButton.Tooltip" DefaultValue="Click to Show a
Taskpane">
</bt:String>
<bt:String id="Contoso.GetStarted.Description" DefaultValue="Your sample add-
in loaded succesfully. Go to the HOME tab and click the 'Show Taskpane'
button to get started." />
</bt:LongStrings>
</Resources>
</VersionOverrides>
```

○ **通过清单文件自定义快捷菜单**（Context Menu）

除了对**Office Ribbon**功能区进行自定义之外，目前也支持通过清单文件对快捷菜单进行自定义。下面这个例子是给单元格的快捷菜单增加一个按钮。这个按钮同样可以有两种操作：打开一个内容面板，以及直接执行一个JavaScript函数。

```
<ExtensionPoint xsi:type="ContextMenu">
<OfficeMenu id="ContextMenuCell">
<!-- Define a control that shows a task pane. -->
<Control xsi:type="Button" id="Button2Id1">
<Label resid="Contoso.TaskpaneButton.Label" />
<Supertip>
<Title resid="Contoso.TaskpaneButton.Label" />
<Description resid="Contoso.TaskpaneButton.Tooltip" />
</Supertip>
<Icon>
<bt:Image size="16" resid="Contoso.tpicon_16x16" />
<bt:Image size="32" resid="Contoso.tpicon_32x32" />
<bt:Image size="80" resid="Contoso.tpicon_80x80" />
</Icon>
<Action xsi:type="ShowTaskpane">
<SourceLocation resid="Contoso.Taskpane.Url" />
</Action>
</Control>
</OfficeMenu>
</ExtensionPoint>
```

⊃ 通过清单文件实现多语言支持

Office Web Add-in的愿景是希望开发人员一次编写，处处运行——不只是在不同设备都能体验一致的工作，更是在全球都能使用。那么要如何实现这样的美好愿景呢？这个问题同样分为两个方面：一方面是通过清单文件来无代码实现UI层面的多语言支持，另一方面是在Javascript代码中根据当前的环境实现自定义多语言支持。

后者相对简单，而且更多的是依赖开发人员的自定义来实现，这里列出来两个非常重要的属性。

（1）Office.context.displayLanguage，这个属性能获取当前Office宿主程序的显示语言。

（2）Office.context.contentLanguage，这个属性能检测当前文档内容的语言，如检测这是一篇中文的Word文档还是一个英文的Excel表格。

接下来要看的是在清单文件中如何定义一些UI层面的多语言支持。目前有以下几种属性是支持多语言的。

（1）Description，这是Add-in的描述，定义方式如下。

```
<Description DefaultValue="ExcelWebAddIn2">
<Override Locale="zh-CN" Value=" 我的插件描述说明 ......"/>  </Description>
```

（2）DisplayName，这是Add-in的显示名称，定义方式如下。

```
<DisplayName DefaultValue="ExcelWebAddIn2">
<Override Locale="zh-CN" Value=" 我的第二个插件 "/>
</DisplayName>
```

（3）IconUrl，这是Add-in的图标，定义方式如下。

```
<IconUrl DefaultValue="~remoteAppUrl/Images/Button32x32.png">
<Override Locale="zh-CN" Value="~remoteAppUrl/Images/zh-Button32x32.png"/>
</IconUrl>
```

（4）HighResolutionIconUrl，这是Add-in的高清图标，定义方式如下。

```
<HighResolutionIconUrl DefaultValue="~remoteAppUrl/Images/Button32x32.png">
<Override Locale="zh-CN" Value="~remoteAppUrl/Images/zh-Button32x32.png"/>
</HighResolutionIconUrl>
```

（5）Resources，所有针对界面扩展的资源（如与工具栏或快捷菜单的按钮相关的文字、路径及图片等），定义方式如下。

```
<bt:String id="Contoso.TaskpaneButton.Tooltip" DefaultValue="Click to Show a
Taskpane">
<bt:Override Locale="zh-CN" Value=" 显示一个内容面板 "/>  </bt:String>
```

（6）SourceLocation，定义默认主页，定义方式如下。

```
<SourceLocation DefaultValue="~remoteAppUrl/Home.html">
<Override Locale="zh-CN" Value="~remoteAppUrl/zh-Home.html"/>
</SourceLocation>
```

关于Office Add-in的本地化支持，官方文档可通过https://docs.microsoft.com/en-us/office/dev/

add-ins/develop/localization查阅。

⊃ 其他注意事项

（1）确保Add-in ID是唯一的，这是一个GUID。如果使用Visual Studio开发，可以在工具菜单中找到"创建GUID"工具，也可以通过其他方式生成。

（2）所有的URL都必须是https的。

（3）所有的图片（如用在命令按钮上的图片）都必须允许缓存，也就是说，服务器不能在Header中添加on-cache/no-store这样的值。

（4）如果Add-in需要发布到Office Store，必须提供SupportUrl这个属性。

3.2.5　在企业和应用市场发布 Office Add-in

在学习了前面的内容后，大家可能已经尝试创建过一两个Add-in了。作为一名开发人员，可以用多种方式在机器上使用自己的作品。

（1）如果是用Visual Studio开发，直接按"F5"键即可。

（2）可以将Manifest文件（其实就是一个XML文件）保存到一个共享目录，然后在Office客户端中添加这个共享目录，将其加入Office客户端的信任位置中（见图3-23），这样就可以在"插入"菜单中找到Add-in了。

这里还可以设置一些其他的catalog路径，包括SharePoint站点。完成上述步骤后，就可以在插入Add-in的窗口中看到相关的Add-in了，如图3-37所示。

（3）在Office Online中直接上传Manifest文件也可以实现第二种方式的效果。在图3-36所示的窗口中，选择"管理我的加载项"菜单中的"上传我的加载项"选项。

如果想让同事试用，他们该怎么安装呢？可以按照第二种和第三种方式安装，但如果要大面积部署，就需要了解如何在企业中部署应用。现在Office 365的管理中心直接提供了这样的功能，称为集中部署。只要以全局管理员的身份登录Office 365管理中心，然后选择左侧导航中的"设置"→"服务和加载项"选项即可，如图3-37所示。

图 3-36

图 3-37

单击图3-37中的"上传加载项"按钮，即可打开"新加载项"页面，然后单击"下一步"按钮。如图3-38所示。

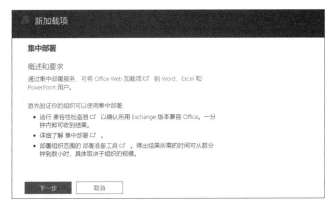

图 3-38

在接下来的界面中，管理员将拥有三个选择。本例选择第二种方式，单击"下一步"按钮，如图3-39所示。

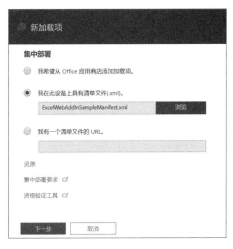

图 3-39

再次单击"下一步"按钮，如图3-40所示。接下来可以设定Add-in的可见范围，设置完成后单击

"保存"按钮,如图3-41所示。

图 3-40 图 3-41

完成操作后,可以在"管理员托管"分类中找到这些集中部署的Add-in,如图3-42所示。

图 3-42

当然,还可以将应用发布到Office Store(应用商店)中,这样全球的Office 365用户都可以通过统一的位置来安装和使用这个应用,如图3-43所示。

图 3-43

发布到Office应用商店的细节，可以参考官方文档 https://docs.microsoft.com/en-us/office/dev/ add-ins/publish/publish，总的来说，有以下几个步骤。

①需要有一个Office 开发者账号，目前是免费申请的。

②应用在发布之前应该通过一个工具进行检查。

③提交给商店后，会由微软的团队负责审核，这需要一定的时间，而且并不能确保每个人的申请都会被接受。

3.3　Office Add-in 的技术原理和常见问题剖析

我发表过一些关于Office Add-in开发的文章，也在不同的场合分享过新的开发模式及其带来的机遇，这里集中地总结一下关于Office Web Add-in的常见问题。

○ Office Web Add-in 的适用场景是什么

很多人不了解Office Web Add-in的适用场景，前面详细对照了三种为Office开发Add-in的技术和表现形式，这里再总结一下新的Web Add-in的适用场景。

（1）开发人员本身对于网络开发比较熟悉。

（2）希望这个插件能够跨平台使用。

（3）希望更加方便地进行集中部署和更新。

（4）这个插件的功能除了Office内部的操作外，还有大量的外部资源访问。

（5）用户能随时访问网络，并且网络条件有保障。

（6）用户对于运行速度的敏感度不是很高，并不是说Web Add-in的运行速度慢，而是因为Web Add-in开发中的很多操作都是异步执行的，所以会造成感觉上运行慢的体验。

○ Office Web Add-in 的工作原理是什么

这也是很多人的疑问。先来回顾一下历史，VBA是直接运行在Office进程（如Excel）中的，它算是一个脚本，会有主程序动态加载、编译运行。一旦运行结束，就会释放资源。VSTO则更为复杂，因为它是用.NET开发出来的托管代码，所以它本身不能通过宿主程序直接运行，而是需要宿主程序（其实是COM）通过平台调用的方式（Interop）发起一个指令，然后由.NET CLR加载Add-in的组件，这个组件既需要操作Excel的资源，又需要通过平台调用的方式反过来调用COM。

而现在的Web Add-in是通过一个独立的浏览器进程（如IE）来运行的。下面来详细解释这方面的原理。

在不同的平台上，Office Add-in所依赖的浏览器及其版本是不一样的，这里要提醒开发人员：浏览器兼容性测试是很重要的。官方文档有提到对于浏览器及其版本的要求，可以参考 https://docs. microsoft.com/en-us/office/dev/add-ins/concepts/requirements-for-running-office-add-ins。

通过nslookup命令可以看出，目前托管在azurewebsites.net上面的范例插件的服务器IP地址是 13.75.46.26（注意，因为Azure平台有很多服务器，所以实际上一个域名可能会对应多个IP地址，如果用nslookup命令可能得到的结果不一样），如图3-44所示。

加载插件后，一般会在进程管理器中看到两个IE进程。如果开发人员的Office是32位的，那么它的核心进程也会是32位的。如果加载多个插件，它所占用的内存会逐步增加。但仍然是一个进程，如图 3-45所示。

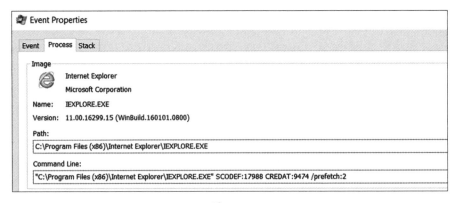

图 3-44

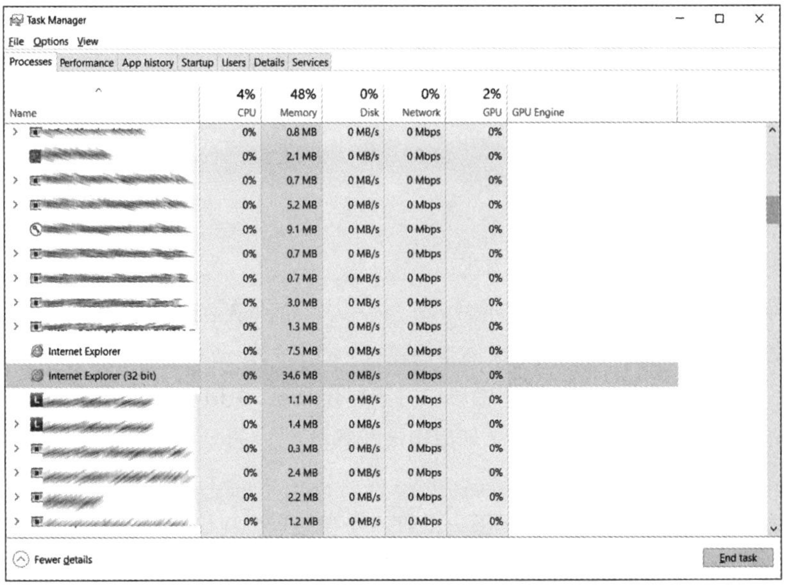

图 3-45

但如果开发人员的Windows是64位的，那么它会另外创建一个64位的IE进程，这两个进程其实是一种调用的关系。从图3-46可以看出，32位的进程其实在调用64位的进程。

图 3-46

如果要具体证明这些进程是如何访问插件网站的，可以通过进程查看器来查看，如图3-47所示。

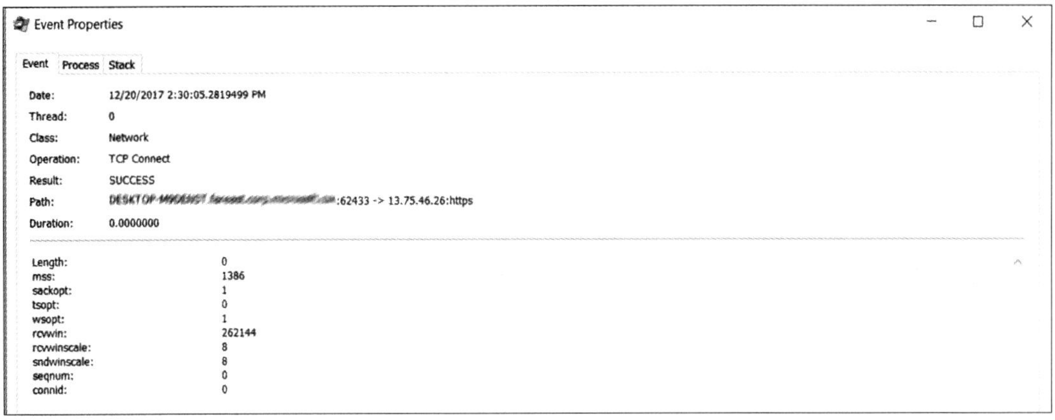

图 3-47

○ 如何在 Web Add-in 的 JavaScript 代码中异步访问远程服务

　　Office Add-in本质上是一个网络应用，根据所选择的开发技术不同，对于访问远程服务资源的做法也不同。如果是用ASP.NET MVC来实现的，可能会简单一些，因为MVC本身就可以包含一些服务器代码。但如果更喜欢用JavaScript代码来编程，那么服务资源调用需要遵循以下两个重要原则。

　　（1）这个资源必须使用https的方式提供，而且证书必须是合法的。如果是部署到Azure的应用服务，则默认带有合法的证书，支持https访问。

　　（2）这个资源必须支持跨域访问。关于如何支持跨域访问，可以参考http://www.cnblogs.com/chenxizhang/p/7975521.html。

　　这里有一个范例代码可供参考。我专门写了一个范例的API服务，可通过https://webaddinapisample.azurewebsites.net/api/values查看，如果有读者想测试，也可以直接使用它。

```
$("#run").click(() => tryCatch(run));
async function run() {
    await Excel.run(async (context) => {
            await $.get("https://webaddinapisample.azurewebsites.net/api/
values").done(async function (result) {
                // 这里一定要注意，必须是https 地址，而且证书要有效，并且设置了跨域访问
var sheet = context.workbook.worksheets.getActiveWorksheet();
var range = sheet.getRange("A1:B1");
                range.values = [result];
                await context.sync();
        }).fail(function (jqXHR, textStatus, errorThrown) {
            console.log(errorThrown);
        });
    });
}
/** 尝试执行某个方法 */
async function tryCatch(callback) {
    try {
        await callback();
    }
```

```
    catch (error) {
        OfficeHelpers.UI.notify(error);
        OfficeHelpers.Utilities.log(error);
    }
}
```

➲ 网络断开是否可以继续使用

由于 Web Add-in 本质上是一个网络应用，因此如果没有网络，Add-in 是无法加载的，如图 3-48 所示。

图 3-48

➲ 能否通过代码增加菜单

目前仅支持利用清单文件来定义界面元素，包括 Ribbon 功能区和快捷菜单。这方面与 VBA 和 VSTO 相比有比较大的劣势，而且其他的功能方面也并不是完全一致的，但这有一个发展的过程，这些 API 正在快速开发中。

➲ 怎么做基于事件的编程

基于事件的编程可能是绝大部分开发人员根深蒂固的观念。其实 Office Add-in 本身就是基于事件的编程。所有的代码都是从一个 Office.initialize 事件开始的。针对不同的宿主程序、不同的资源对象，是否可以绑定事件并且进行响应处理呢？在 VBA 或 VSTO 中或多或少是可以这么做的，如 Workbook 的 Open 事件等。

在 Web Add-in 中，事件通过一个特殊的做法——Binding 来实现。但目前的支持有限，可以参考官方文档 https://dev.office.com/reference/add-ins/excel/binding 。下面有一个简单的实例可供参考。

```
$("#setup").click(() => tryCatch(setup));
$("#register-data-changed-handler").click(() => tryCatch(registerDataChangedH
andler));
async function registerDataChangedHandler() {
    await Excel.run(async (context) => {
const sheet = context.workbook.worksheets.getItem("Sample");
const salesTable = sheet.tables.getItem("SalesTable");
const dataRange = salesTable.getDataBodyRange();
        // 创建事件绑定
const salesByQuarterBinding = context.workbook.bindings.add(dataRange,
"range", "SalesByQuarter");
salesByQuarterBinding.onDataChanged.add(onSalesDataChanged);
```

```
OfficeHelpers.UI.notify("The handler is registered.", "Change the value in
one of the data cells and watch this message banner. (Be sure to complete the
edit by pressing Enter or clicking in another cell.)");
        await context.sync();
    });
}
// 这是事件处理代码
async function onSalesDataChanged() {
    await Excel.run(async (context) => {
OfficeHelpers.UI.notify("Data was changed!!!!", "");
await context.sync();
    });
}
// 准备初始化数据
async function setup() {
    await Excel.run(async (context) => {
const sheet = await OfficeHelpers.ExcelUtilities.forceCreateSheet(context.
workbook, "Sample");
        let salesTable = sheet.tables.add('A1:E1', true);
        salesTable.name = "SalesTable";
            salesTable.getHeaderRowRange().values = [["Sales Team", "Qtr1",
"Qtr2", "Qtr3", "Qtr4"]];
salesTable.rows.add(null,[
            ["London", 500, 700, 654, null],
            ["Hong Kong", 400, 323, 276, null],
            ["New York", 1200, 876, 845, null],
            ["Port-of-Spain", 600, 500, 854, null],
            ["Nairobi", 5001, 2232, 4763, null]
        ]);
salesTable.getRange().format.autofitColumns();
salesTable.getRange().format.autofitRows();
sheet.activate();
        await context.sync();
    });
}
async function tryCatch(callback) {
    try {
        await callback();
    }
    catch (error) {
OfficeHelpers.UI.notify(error);
OfficeHelpers.Utilities.log(error);
    }
}
```

⊃ 能否编写自定义函数

这个问题很显然是一个 Excel 的开发人员提出的，下面介绍两种编写自定义函数的方法。

（1）在 VBA 中的编写方法可以参考 https://support.office.com/zh-cn/article/，在 Excel 中创建自定义函数 -2F06C10B-3622-40D6-A1B2-B6748AE8231F?ui=zh-CN&rs=zh-CN&ad=CN。

（2）在 VSTO 中的编写方法可以参考 https://blogs.msdn.microsoft.com/eric_carter/2004/12/01/writing-user-defined-functions-for-excel-in-net/。

在Web Add-in的时代，目前已经提供了针对Office Insider（发烧友）的Developer Preview支持，可以参考https://docs.microsoft.com/en-us/office/dev/add-ins/excel/custom-functions-overview。

⊃ **能否实现文档打开时自动加载某个 Add-in**

可以实现文档打开时自动加载某个Add-in，但是分以下两种情况。

①如果是Content Add-in（目前在Excel和PowerPoint中受支持），就可以自动实现。可以创建一个文档，然后插入Add-in，保存后下次打开就会自动加载。

②如果是TaskPane Add-in（目前在Excel、Word、PowerPoint中受支持），则只有在没有添加VersionOverrides的情况下可以实现类似于Content Add-in 的效果。也就是说，不能有自定义的Ribbon功能区和Context Menu（快捷菜单）。

第4章

SharePoint平台一直是企业级协作和内容管理的领导者，在全球拥有数以亿计的用户。在今天这样一个风起云涌的新时代，SharePoint的发展有哪些趋势？对于开发人员来说又有哪些新机会？本章将介绍以下内容。

1. SharePoint 大局观。
2. SharePoint Online Add-in 开发简介。
3. SharePoint Framework 开发简介。

第 4 章　SharePoint Online 开发

4.1　SharePoint 大局观

SharePoint平台一直是企业级协作和内容管理的领导者，在全球拥有数以亿计的用户。

我在2011年专门写过一篇文章——《我们该用怎么样的系统思维来了解SharePoint及其价值》，希望带领读者从4个维度来看待SharePoint：基础技术架构人员的角度、系统运维和管理人员的角度、开发人员的角度、最终用户的角度。

那么，在今天这样一个风起云涌的新时代，SharePoint的发展有哪些趋势？对于以上4个维度的人员来说又有哪些新机会呢？本节将从以下5个方面展开讲解。

（1）SharePoint 向云迁移的趋势和规律。

（2）SharePoint Server 和 SharePoint Online的分工。

（3）SharePoint和OneDrive for Business的分工。

（4）SharePoint 在用户体验方面的改进。

（5）开发模式的变化。

4.1.1　SharePoint 向云迁移的趋势和规律

2010年10月，微软对外宣布了Office 365计划，并于2011年6月正式在全球推出商用。时至今日，Office 365仍然保留了当年四大核心组件的架构（Office & Office Online + Exchange Online + SharePoint Online + Skype for Business，如图4-1所示），同时也在不断完善很多细节，每月都有大量的更新。

从去年开始，核心架构也做出了一些创新性的调整，如Teams等新服务的推出，如图4-2所示。不过更多的服务还没有对外公布，但有望在一个新的层次上提升和改进Office 365的能力。据不完全统计，目前全球的Office 365月活用户已超过1.2亿。

业界普遍认为，SharePoint Server 2013是向云而生的一个版本，其中最显著的一个特点是，它推出了全新的App开发模型（虽然并不是很成功），以取代原来那种重型的服务器端扩展开发模型。SharePoint Online 作为一个多用户的平台，其开发模式与本地有很大的不同，所以沿用了SharePoint 2013的设计。

图 4-1

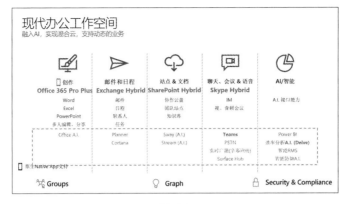

图 4-2

有大量的客户在做将 SharePoint 向云端迁移的方案与实践，这是一个必然的趋势。以微软为例，它可能是全球使用 SharePoint 规模最大的公司之一了，截至 2012 年，全公司在 3 个主要的数据中心、将近 250 台服务器上承载了一百多万个网站（包括团队网站、工具网站、个人网站等），数据量大约 36TB。

经过 5 年左右的时间，微软 IT 部门分阶段完成了绝大部分网站向云端迁移的旅程，如图 4-3 所示。

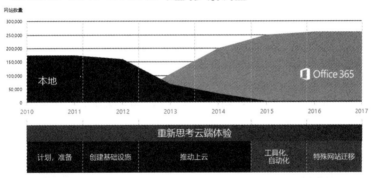

图 4-3

将微软截至 2016 年的 SharePoint Online 规模与 2012 年的数据相比较可以发现，网站数量有所减少（有部分网站还是保留在本地），但内容大小却激增了将近 28 倍。这说明向云迁移极大地提升了员工使用 SharePoint 进行协作的意愿和能力，这也是云计算的一个重要思考：它不是简单地将本地的东西搬到云上，而是一种新的思维模式和工作方式，虽然会带来一些挑战，但总体而言，它代表了更多的可能。

迁移结果是令人满意的，但过程却不是一帆风顺的。微软同样面着临巨大的挑战，如图 4-4 所示。

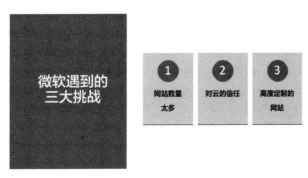

图 4-4

总体来说，向云迁移是一个必然的趋势，这个过程不仅是一个技术层面的决策，还牵涉到信息架构的规划、工作文化的重塑等，如果真能跨出这一步，或许能帮助企业在互联网时代真正实现转型。

4.1.2　SharePoint Server 和 SharePoint Online 的分工

微软的迁移经验中比较重要的是：并非所有的应用都应放在云上，也并非所有的网站都应迁移。有很多网站其实已经不用了，可以趁向云迁移的机会集中清理掉，如图4-5所示。

图 4-5

实际上，现在就是一个典型的混合架构，如图4-6所示。

图 4-6

从功能上来说，由于SharePoint Server的更新周期一般是3年，因此，虽然SharePoint Online和SharePoint Server是一个研发团队（其中有很大一部分团队成员就在江苏苏州的研发中心），但都是先做SharePoint Online上的改进和创新，然后等一段时间，再视情况整合到SharePoint Server中。

微软对于客户的承诺是，将一直保留本地SharePoint Server版本，提供给客户多种选择。经过大量的实践，他们发现尤其对于中大型企业来说，混合架构可能是更好的选择，而这也正是微软Office 365平台的一个优势。

有关混合部署及其使用场景，可以参考 https://technet.microsoft.com/zh-cn/library/mt844709（v=office.16）.aspx，如图4-7（微软官方文档截图）所示。

	非混合	混合
OneDrive for Business	OneDrive for Business是Office 365中可用，但没有链接到它从SharePoint Server。如果您已经部署了MySites，用户在SharePoint Server可能有第二个OneDrive for Business。	OneDrive提供了链接SharePoint Server中它将用户引导到OneDrive for Business在Office 365中。 （请参阅规划混合 OneDrive for Business的详细信息）。
以下网站	SharePoint Online网站的后面是的站点列表与Office 365轨道旗牛在后面。如果您已经部署了MySites，SharePoint Server跟踪中的第二个跟随的网站将后SharePoint Server站点。	从这两个位置的后面的站点整合与SharePoint Online后面的站点列表中，随后的网站列表从SharePoint Server链接将用户重定向到SharePoint Online后面的站点列表。 （请参阅混合站点下面的详细信息）。
以下文档	如果您已经部署了 MySites，SharePoint Server轨道中的后面是的文档列表后SharePoint Server文档。	混合文档下面将不可用。如果您使用混合OneDrive for Business，SharePoint Server的用户中后将隐藏列表的文档。（注意是否配置混合搜索并且有 Delve，您可以以最喜爱的SharePoint Server文档）。
配置文件	在SharePoint Server和Office 365中，用户将拥有单独的配置文件。	配置文件位于两个位置，但到用户的配置文件的链接，SharePoint Server将Office 365中的配置文件定向。 （请参阅计划混合配置文件的详细信息）。
可扩展的应用程序启动程序	用户将看着到在Office 365和SharePoint Server中不同应用启动器。	有仍然独立应用程序启动程序，但SharePoint Server应用程序启动程序包括从Office 365几个拼贴。 （请参阅可扩展的混合应用启动器的详细信息）。
混合自助式网站创建 (只对 SharePoint Server 2013)	用户看到单独的自助式网站创建经验，在SharePoint Server和SharePoint Online，由管理员进行配置。	转到默认的SharePoint Server网站创建页面的用户被重定向到SharePoint Online组创建页面，从而使它们可以在SharePoint Online中创建网站。 （请参阅混合自助式服务网站创建的详细信息）。
Search Service	单独的搜索索引和搜索中心的SharePoint Server和Office 365。用户必须搜索从SharePoint Server查找项存储在那里，他们必须搜索表单来查找存储在那里的项目Office 365。	两个位置的搜索结果中有两种组合。云的混合搜索爬网内部内容和Office 365搜索索引中进行索引。用户可以搜索从任一位置的Office 365索引。混合联合的搜索将搜索结果从每个搜索索引中单个搜索中心结合在一起。 （请参阅混合搜索在 SharePoint 中的详细信息）。

图 4-7

4.1.3　SharePoint 和 OneDrive for Business 的分工

OneDrive for Business这个功能最早出现在SharePoint Server 2013中，它是从MySite功能演化过来的，并且借鉴了个人版OneDrive的一些经验。

OneDrive for Business 的成功出乎很多人的意料，但从基于互联网思维的角度来看，这又是必然的。2017年12月，它被正式认定为企业级文件共享和协作解决方案的领导者，如图4-8所示。

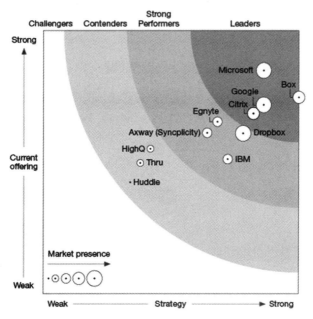

图 4-8

有关这个资格认定，详情可参考 https://blogs.office.com/en-us/2017/12/06/microsoft-onedrive-recognized-as-a-forrester-wave-leader-in-enterprise-file-sync-and-share/?eu=true。

OneDrive for Business 不仅是一款超大容量的个人网盘，而且具有企业级的安全性（灵活并且强大）、基于文档的协作和智能发现，以及可扩展性等方面的优势。换一个角度来看，围绕 OneDrive for Business 其实可以建立一个生态系统，如图 4-9 所示。

图 4-9

OneDrive for Business 的强大功能及由此带来的成功，让它在 Office 365 中的重要性也与日俱增。在 Office 365 国际版中，OneDrive for Business 是可以单独购买的，如图 4-10 所示。

除了以上单独购买的情况外，只要购买了 SharePoint Online，就默认就包含了 OneDrive for Business，如图 4-11 所示。

图 4-10

图 4-11

不仅可以单独购买，还可以单独管理，现在OneDrive也有独立的开发中心了（ https://developer. microsoft.com/zh-cn/onedrive ），如图4-12所示。

图 4-12

4.1.4　SharePoint 在用户体验方面的改进

虽然SharePoint平台的功能非常强大，但在相当长的一段时间内，由于种种原因，很多客户反映SharePoint不太易用。这在一定程度上是因为，在团队协作中，需要个人在使用习惯上做出适应。另外，SharePoint网页的技术特点也决定了除非进行必要的定制，原生的界面在使用体验方面确实与一般的网络应用存在一些差距，包括在移动化支持方面。

图4-13所示的是老版本的SharePoint Online团队网站界面，这应该也是SharePoint Server 2013的默认模板风格。

图 4-13

图4-13中的网站其实就是所谓的"经典体验"，管理员要创建的网站则是图4-14所示的体验。

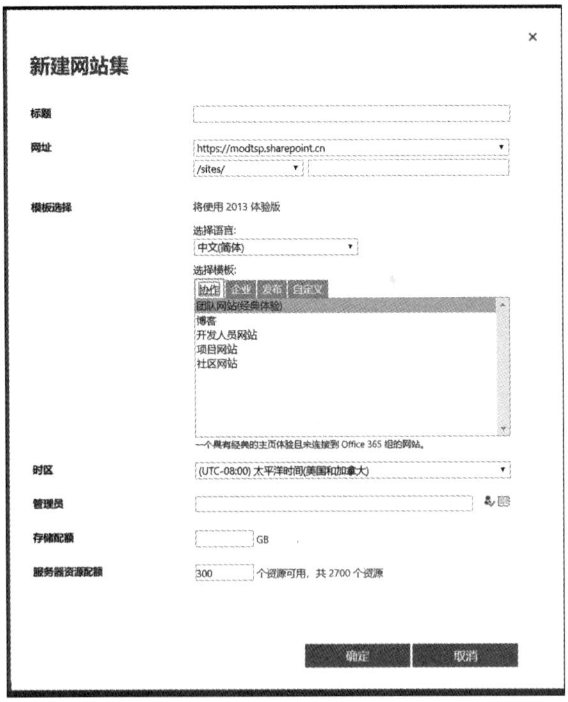

图 4-14

与"经典体验"相对应的是"现代体验"，微软内部将其称为SharePoint Modern Site。这个功能是从2016年开始部署的，现在世纪互联版本提供的也是这个体验。具体来说，它将SharePoint的网站归为两类，如图4-15所示，一类是要进行协作的团队网站，所有成员都可以参与内容创作、协作等；另一类是通信站点，准确地说是沟通网站（Communication Site），一般用来在企业内部发布内容，大部分用户只是用它来查看消息。

创建网站
选择要创建的网站类型

团队网站
将网站连接到 Office 365 组，可共享文档、与团队成员
对话、跟踪活动、管理任务等。

通信站点
将动态美观的内容发布给组织内部人员，让他们跟进信息
并参与到主题、活动或项目中。

图 4-15

全新的团队网站体验如图 4-16 所示。

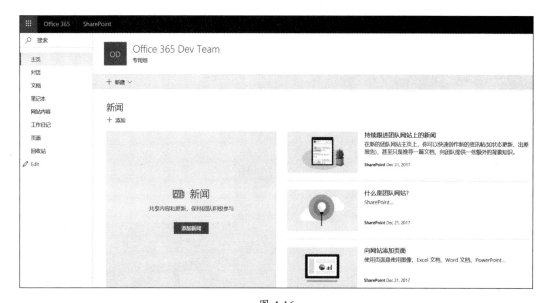

图 4-16

编辑页面的体验也有了本质上的不同，如图 4-17 所示。

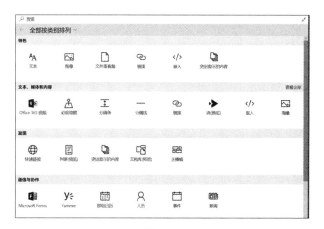

图 4-17

不仅是网站页面，文档库和列表界面也有了很大的变化，如图 4-18 所示。

图 4-18

一个典型的沟通网站体验如图4-19所示。

图 4-19

关于沟通网站，更多信息可参考 https://blogs.office.com/en-us/2017/06/27/sharepoint-communication-sites-begin-rollout-to-office-365-customers/?eu=true。

4.1.5 开发模式的变化

最后来谈一下SharePoint所支持的开发模式方面的变化，尤其是在SharePoint Online部分。

SharePoint Online 不支持服务器场和沙箱解决方案，但仍然支持用户直接在浏览器中定制和"开发"页面（可以写少量的脚本、改样式），以及通过SharePoint Designer进行定制（网页的高级定制、工作流定制等），同时，它还支持以下两种开发模式。

（1）SharePoint Add-in开发，允许开发人员独立开发一个Web应用，然后以iframe方式嵌入SharePoint的页面或网站中。

（2）SharePoint Framework 开发，允许开发人员使用全新的客户端开发手段，定制Web Part和Extension。这是一个非常大的创新。

另外，如果需要通过编程访问SharePoint的资源，如列表、文档库等，除了继续使用SharePoint Online提供的REST API 之外，现在也支持在Microsoft Graph中直接访问（有限支持），如图4-20所示。

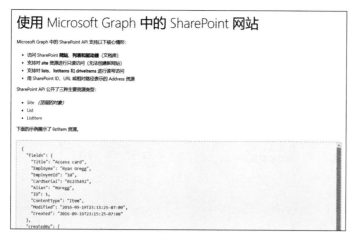

图 4-20

详情可参考 https://developer.microsoft.com/zh-cn/graph/docs/api-reference/v1.0/resources/sharepoint。

4.2　SharePoint Online Add-in 开发简介

4.1 节中提到了 SharePoint 开发的一些新变化，本节将讲解 SharePoint Add-in 开发。现在的开发工具主要有 Visual Studio 和 Visual Studio Code。

4.2.1　SharePoint Add-in 开发概述

SharePoint Add-in 的定位是给 SharePoint 提供扩展性功能。例如，增加一个 WebPart、列表，或者自定义一个工作流等，Add-in 也可以是一个完全独立的应用，其中会调用 SharePoint 中的 API 去完成某种程度的集成。

目前已经发布到 Office Store 中的 SharePoint Add-in 有 1207 个，如图 4-21 所示。

图 4-21

关于 SharePoint Add-in 的详细介绍，可以参考 https://docs.microsoft.com/zh-cn/sharepoint/dev/sp-add-ins/sharepoint-add-ins。这里要讲解的是，SharePoint Add-in 分为以下两类。

（1）SharePoint 自己托管的，应用的内容（如网页、脚本）直接托管在 SharePoint 中，无须自己创

建网站。

（2）提供商托管的，应用是一个独立的网站，可以通过自己喜欢的方式进行部署。

它们的区别如图4-22所示。

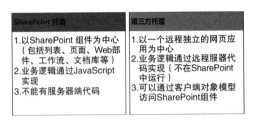

图 4-22

4.2.2　安装开发环境

开发SharePoint Online的Add-in，只需在客户端机器上安装开发工具即可，无须再安装服务器组件。我最推荐的开发工具还是Visual Studio 2017。

Visual Studio 2017中内置了Office 365相关的开发工具，如图4-23所示。

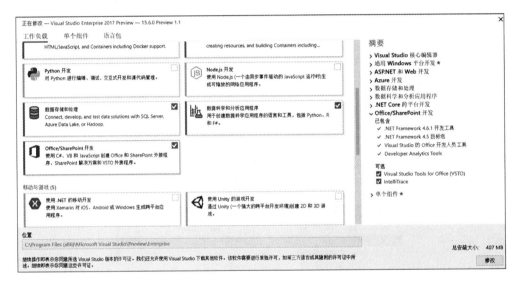

图 4-23

完成安装后，可以在创建项目时直接使用相关的模板，如图4-24所示。

图 4-24

4.2.3　创建 SharePoint Developer Site（开发者站点）

前面提到本地开发工具的安装是为了便于开发和部署测试工作。除此之外，还需要在SharePoint

Online中创建一个开发站点。要进行这个操作，需要具有Office 365全局管理员或SharePoint Online管理员的权限（如果没有Office 365的环境，可参考本书第一章的说明申请一个为期一年的开发者环境）。而且需要登录SharePoint 管理中心，选择左侧菜单栏的"网站集"选项，然后单击"新建"按钮，创建一个"私人网站集"（创建方法可参考https://support.office.com/zh-cn/article/%E5%88%9B%E5%BB%BA%E7%BD%91%E7%AB%99%E9%9B%86-3a3d7ab9-5d21-41f1-b4bd-5200071dd539），如图4-25所示。

图 4-25

创建好的网站如图4-26所示。注意，开发者网站可以创建多个。

图 4-26

4.2.4　创建 SharePoint App Catalog Site（应用程序目录站点）

有了开发者网站，就可以自己进行开发、测试和调试了。但如果想让公司的同事也能使用自己开发的Add-in，则需要将成果发布到SharePoint Online。可以通过创建应用程序目录站点来实现这个需求。但是，应用程序目录站点的创建不同于一般的站点，而且一个Office 365用户只能创建一个，如图4-27所示。

SharePoint 管理中心

网站集	**应用程序**
infopath	
用户配置文件	应用程序目录
	让应用程序可供您的组织使用,并管理应用程序的请求。需要应用程序目录才能禁用最终用
bcs	
术语库	购买应用程序
	从 SharePoint 应用商店购买应用程序。
记录管理	
	管理许可证
搜索	管理从 SharePoint 应用商店购买的应用程序的许可证。
安全存储	配置应用商店设置
	管理应用程序获取设置,包括禁用最终用户在 SharePoint 应用商店中的购买。
应用程序	监视应用程序
	跟踪应用程序的使用情况并查看错误。
共享	应用程序权限
	管理对此租户的应用程序访问。

图 4-27

如果是第一次操作,可以进入图 4-28 所示的界面。

应用目录网站	没有为你的租户创建的应用目录网站。
	● 创建新的应用目录网站
应用目录网站包含适用于 SharePoint 和 Office 的应用的目录。使用此网站向最终用户提供应用。	○ 输入现有应用目录网站的 URL

图 4-28

单击"确定"按钮进入详细配置页面,如图 4-29 所示。

创建应用程序目录网站集

标题	应用程序目录
网址	https://m365x810646.sharepoint.com
	/sites/ apps
语言选择	选择语言: 中文(简体)
时区	(UTC-08:00) 太平洋时间(美国和加拿大)
管理员	MOD Administrator
服务器资源配额	300 个资源可用, 共 9000 个资源

确定　取消

图 4-29

创建好的网站如图 4-30 所示。

图 4-30

4.2.5　创建、测试和部署 SharePoint-hosted Add-in

现在可以开始开发SharePoint Online的Add-in了。首先通过Visual Studio创建项目，如图4-31所示。

图 4-31

然后输入开发站点的路径，并选择Add-in的类型，如图4-32所示。单击"下一步"按钮时需要进行身份认证，需要提供有权限登录开发站点的用户名和密码。

图 4-32

接着选中"SharePoint Online"并单击"完成"按钮，如图4-33所示。

图 4-33

这个向导会生成项目的结构和内容，如图4-34所示。

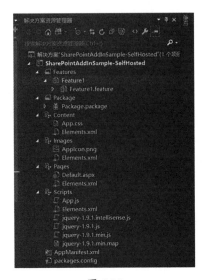

图 4-34

这个项目使用了ASP.NET的技术来实现网页（default.aspx），而且有一个app.js文件动态读取当前SharePoint的用户名并将其显示在页面上，如图4-35所示。

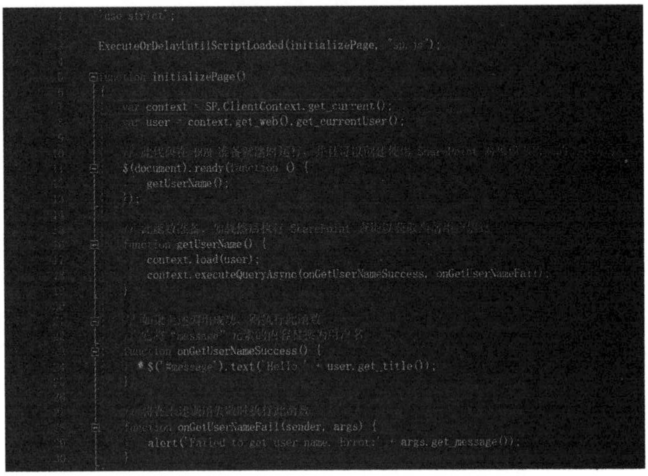

图 4-35

为了进行部署，项目中定义了一个功能（Feature），并将其打包在一个包（Package）中，如图4-36所示。

图 4-36

出于演示目的，这里不做任何代码修改。选择项目文件夹并右击，在弹出的快捷菜单中选择"部署"选项，这里可能会被要求再次输入账号和密码。接下来要留意输出窗口的动态。

```
------ 已启动生成：项目：SharePointAddInSample-SelfHosted, 配置：Debug Any CPU
------
------ 已启动部署：项目：SharePointAddInSample-SelfHosted, 配置：Debug Any CPU
------
活动部署配置：Deploy SharePoint Add-in
由于未指定预先部署命令，将跳过部署步骤。
正在跳过卸载步骤，因为服务器上未安装 SharePoint 外接程序。
安装 SharePoint 外接程序：
正在上载 SharePoint 外接程序 ...
正在进行安装 (00:00:05)
外接程序已安装在 https://office365devlabs-1be72383c7171f.sharepoint.com/
SharePointAddInSample-SelfHosted/ 中。
已成功安装 SharePoint 外接程序。
由于未指定后期部署命令，将跳过部署步骤。
========== 生成：成功或最新 1 个，失败 0 个，跳过 0 个 ==========
========== 部署：成功 1 个，失败 0 个，跳过 0 个 ==========
```

最后可以直接单击上面提到的安装地址，查看 Add-in 的运行效果，如图 4-37 所示。

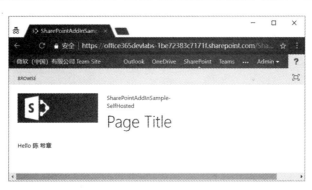

图 4-37

那么，怎样在站点中使用 Add-in 呢？首先，需要对当前项目进行打包。在项目文件夹上单击邮件，选择"发布"选项，然后单击"打包外接程序"按钮，如图 4-38 所示。

图 4-38

Visual Studio 会在磁盘上面生成一个 App 文件，如图 4-39 所示。

图 4-39

接下来可以将这个文件上传到开发者网站进行测试，上传完成后单击"确定"按钮，如图4-40所示。

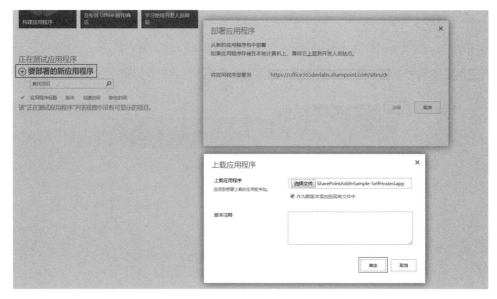

图 4-40

单击"信任它"按钮，如图4-41所示。

图 4-41

等待一两分钟，网站的左侧导航区域会出现上传的应用，如图4-42所示。单击"SharePointAddin Sample-SelfHosted"链接，即可运行这个应用。

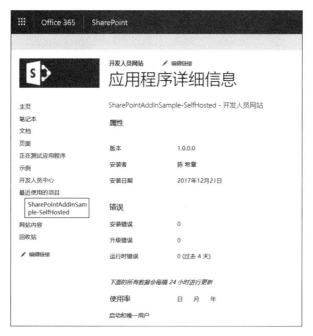

图 4-42

运行结果如图4-43所示。

图 4-43

如果想在其他网站也能使用这个应用，需要先把这个应用发布到"应用程序目录网站"中。在左侧选择"适用于SharePoint的应用程序"选项，然后单击"上载"按钮。如图4-44所示。

图 4-44

在网站添加应用程序时就能看到这个自定义应用，如图4-45所示。

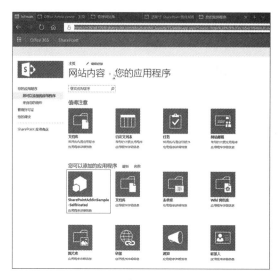

图 4-45

单击这个自定义应用图标，并在弹出的窗口中单击"信任它"按钮，如图4-46所示。

图 4-46

稍等片刻，左侧的导航栏中会出现一个新的应用链接（可以单击"编辑链接"选项来修改链接文字），如图4-47所示。

图 4-47

单击链接后运行的效果如图4-48所示。

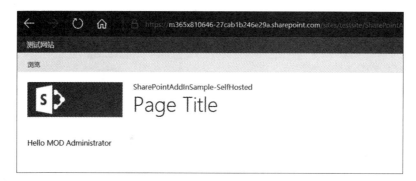

图 4-48

至此，一个最简单的"SharePoint托管Add-in"的开发和部署过程就全部完成了。除此之外，在这个项目中还可以添加很多东西，如图4-49所示。

图 4-49

唯一需要注意的是，这里的编程都是基于HTML和JavaScript的，不能使用服务器代码（如C#）和服务器对象模型。

4.2.6 创建、测试和部署 Provider-hosted Add-in

下面介绍"提供商托管的Add-in"的开发过程。首先，在创建项目时选中"提供商托管"单选按钮，然后单击"下一步"按钮，如图4-50所示。

目标还是选中"SharePoint Online"单选按钮，然后单击"下一步"按钮，如图4-51所示。

选择要创建的Web应用项目的类型，推荐选中"ASP.NET MVC Web应用程序"单选按钮，然后单击"下一步"按钮，如图4-52所示。

配置身份验证选项时，推荐使用第一种，单击"完成"按钮，如图4-53所示。

图 4-50

图 4-51

图 4-52

图 4-53

　　创建好项目后，注意这个解决方案中有两个项目。第一个是SharePoint Add-in项目，第二个是外部网站的项目，如图4-54所示。

图 4-54

　　这里同样不做任何代码修改，直接进行部署尝试。因为这个网站应用是提供商托管的，所以需要自己去部署。这里选择用Azure提供的PaaS服务来实现部署，如图4-55所示。

图 4-55

单击图4-55中的"创建"按钮，Visual Studio会直接部署。

```
1>------ 已启动生成：项目：SharePointAddIn2Web，配置：Release Any CPU ------
1>   SharePointAddIn2Web -> C:\Users\xxxx\source\repos\SharePointAddIn2\
SharePointAddIn2Web\bin\SharePointAddIn2Web.dll
2>------ 发布已启动：项目：SharePointAddIn2Web，配置：Release Any CPU ------
2>已使用 C:\Users\xxxx\source\repos\SharePointAddIn2\SharePointAddIn2Web\Web.
Release.config 将 Web.config 转换为 obj\Release\TransformWebConfig\transformed\
Web.config。
2>已将自动 ConnectionString Views\Web.config 转换为 obj\Release\CSAutoParameterize\
transformed\Views\Web.config。
2>已将自动 ConnectionString obj\Release\TransformWebConfig\transformed\Web.config 转
换为 obj\Release\CSAutoParameterize\transformed\Web.config。
2> 正在将所有文件都复制到以下临时位置以进行打包 / 发布：
2>obj\Release\Package\PackageTmp。
2> 启动 Web Deploy 以将应用程序 / 包发布到 https://sharepointaddinsample.scm.
azurewebsites.net/msdeploy.axd?site=SharePointAddInSample...
2> 发布成功。
2>Web 应用已成功发布 http://sharepointaddinsample.azurewebsites.net/
========== 生成：成功1个，失败0个，最新0个，跳过0个 ==========
========== 发布：成功1个，失败0个，跳过0个 ==========
```

接下来有一个特殊的部署，因为这个网站是外部的，为了得到授权，需要按照下面的说明注册一个客户端ID和密钥。

如果是在Visual Studio中进行调试，则直接按"F5"键，会动态生成一个客户端ID和密钥，并自动修改好所有的信息。如果需要为某个用户创建客户端ID和密码，则需要用SharePoint管理员身份在某个SharePoint网站上运行 _layouts/15/AppRegNew.aspx 页面。而如果要把应用发布到Office Store中，还需要专门在"卖家面板"中注册。

这里已经生成了一个信息，如图4-56所示。

图 4-56

回到Visual Studio中，修改Web.config文件和AppManifest.xml文件，然后选择SharePoint Add-in项目文件夹，在右键的快捷菜单中选择"发布"选项，发布页面如图4-57所示。

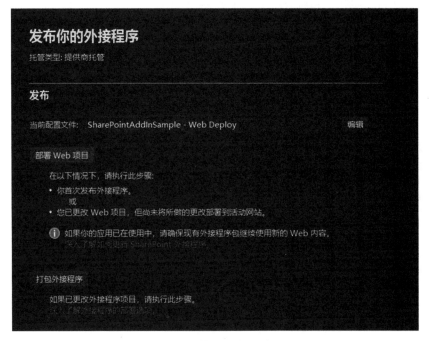

图 4-57

单击"编辑"图4-57中的按钮，输入注册后得到的信息，然后单击"完成"按钮回到主界面，如图4-58所示。

图 4-58

在图4-57所示的主界面中单击"打包外接程序"按钮，注意这里将URL改为https开头，然后单击"完成"按钮，如图4-59所示。

图 4-59

如果一切顺利，将得到一个APP文件，如图4-60所示。

图 4-60

安装成功后，左侧导航栏中会出现一个新的链接，单击该链接后会跳转到图4-61所示的页面。

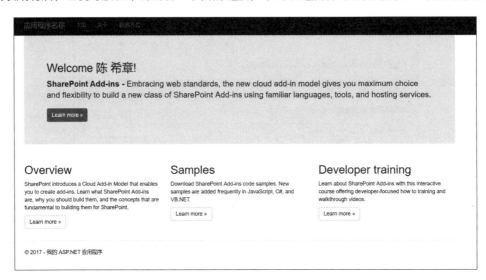

图 4-61

此时浏览器的地址其实是https://sharepointaddinsample.azurewebsites.net/?SPHostUrl=https://office365devlabs.sharepoint.com/sites/dev&SPLanguage=zh-CN&SPClientTag=0&SPProductNumber=16.0.7206.1208，所以此时打开的是自己的网站，但是会把一些相关的上下文信息传递过来。

但是，即使这确实是一个独立的网站，在这个网站中还是可以访问到SharePoint资源，所有的操作都是通过SharePoint的Client API来实现的。下面是代码范例。

```
[SharePointContextFilter]
public ActionResult Index()
{
    User spUser = null;
    var spContext = SharePointContextProvider.Current.GetSharePointContext(HttpContext);
    using (var clientContext = spContext.CreateUserClientContextForSPHost())
    {
        if (clientContext!=null)
        {
            spUser = clientContext.Web.CurrentUser;
            clientContext.Load(spUser, user => user.Title);
            clientContext.ExecuteQuery();
            ViewBag.UserName = spUser.Title;
        }
    }
    return View();
}
```

4.3　SharePoint Framework 开发简介

通过前面的介绍，相信大家对于SharePoint Online的开发有了更加全面的认识。4.2节介绍了SharePoint Add-in的开发，这种方式最早是在2013年提出来的，目前仍然受主流支持，不仅可用于

SharePoint Server，也可以用于 SharePoint Online。

与此同时，一个新的开发框架于 2016 年开始浮出水面，它叫作 SharePoint Framework（SPFx）。产品组之所以会提出这套框架，主要是因为 SharePoint 本身在不断发展，另外很重要的一点也是源自客户和开发人员的反馈——微软需要有全新的一套框架来重新定义 SharePoint 的开发。具体而言，希望能用更加原生的 Web 开发技术来实现，并且与 SharePoint 有更加自然的融合。

值得高兴的是，SharePoint Framework 框架也基本实现了上面的承诺。

4.3.1　SharePoint Framework 的主要特性

（1）在当前用户的上下文和浏览器的连接中运行。不像 SharePoint Add-in 一样使用 IFrame，也不是将 JavaScript 直接嵌入页面当中（安全风险较高，也可能由于用户浏览器的设置而失效）。

（2）控件直接在页面 DOM 中呈现。

（3）控件支持响应式呈现，以适应不同尺寸的界面。

（4）允许开发人员更好地访问生命周期，其中包括呈现、加载、序列化和反序列化、配置更改等。

（5）未指定框架。可以使用喜欢的任何 JavaScript 框架，如 React、Handlebars、Knockout、Angular 等。

（6）工具链基于 npm、ypeScript、Yeoman、webpack 和 gulp 等常见开放源代码客户端开发工具。

（7）提供可靠的性能表现，与 SharePoint Add-in 相比，有了极大的提升。

（8）最终用户可以在所有网站上使用用户管理员（或其代理）批准的 SPFx 客户端解决方案，其中包括自助式团队、组或个人网站。

（9）SPFx Web 部件可添加到经典页面和新式页面中，同时支持 SharePoint Online 和 SharePoint Server。

4.3.2　SharePoint Framework 能做什么

目前来说，SPFx 适合以下两个场景的开发。

（1）客户端 Web 部件，可以用 JavaScript 实现所有的界面，并将其应用到任何 SharePoint 页面中。

（2）扩展程序（Extensions），包括修改页面逻辑的 ApplicationCustomizers、为字段提供定制的 FieldCustomizers，以及为列表或文档库添加自定义菜单和命令的 CommandSets。

4.3.3　准备 SharePoint Framework 的开发环境

如果是 Visual Studio 的重度用户，可能会希望直接使用 Visual Studio 来进行 SPFx 的开发。到目前为止，还没有看到内置的模板，但 SharePoint PnP 提供了一个可供单独下载和安装的版本，可参考 https://marketplace.visualstudio.com/items?itemName=SharePointPnP.SPFxProjectTemplate。

有一个好消息是，可以使用 Visual Studio Code 这款更加轻量级的、跨平台的工具来进行 SPFx 开发，而且由于 SPFx 的框架无关性，还可以使用最熟悉的 JavaScript 框架（如 React、Handlebars、Knockout、Angular 等）进行开发。如果对 C# 很熟悉，那么以前的经验可以得到复用，因为 Visual Studio Code 内置了对 TypeScript 的支持。在准备开发环境时，需要注意以下 3 点。

（1）NodeJS，一定要下载安装 6.x 版本（https://nodejs.org/dist/latest-v6.x/）。据产品组的声明，目前 SPFx 在其他版本的 NodeJS 中运行可能会遇到一些小问题。安装好之后对照图 4-62 确认版本信息。

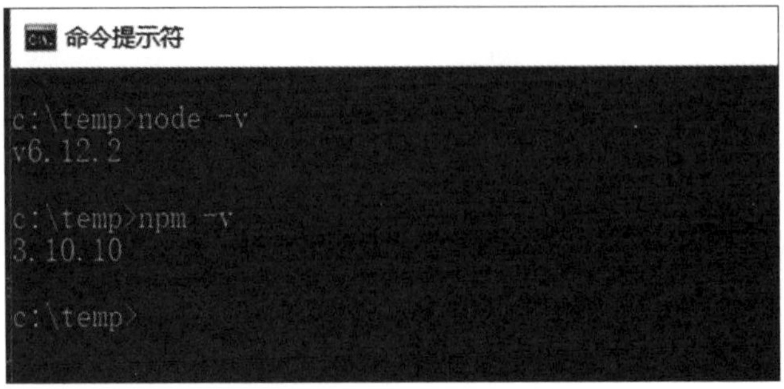

图 4-62

（2）通过命令 npm install -g yo gulp 安装Yeoman和gulp两个模块，如图4-63所示。

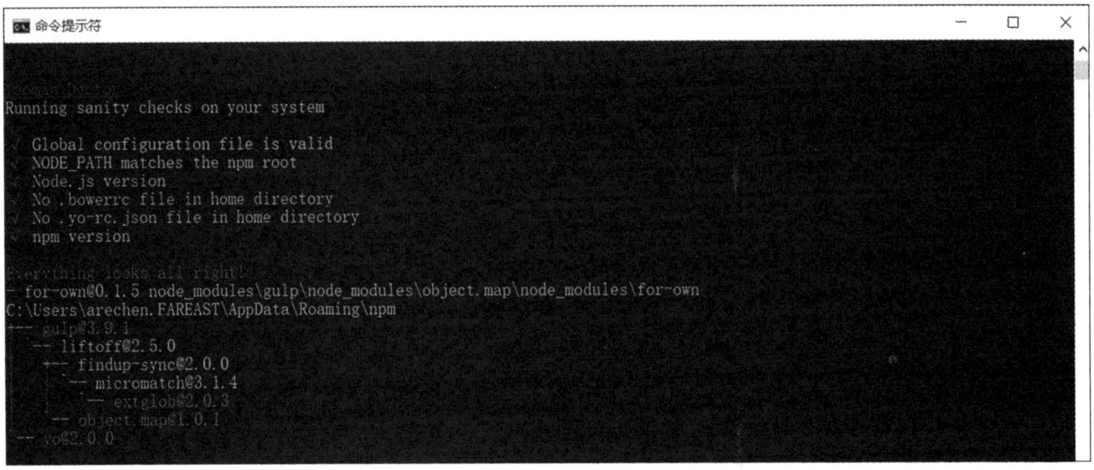

图 4-63

（3）安装微软提供的一个项目模板 npm install -g @microsoft/generator-sharepoint。

4.3.4　开发和调试一个简单的客户端 WebPart

下面用一个实例带领大家来体验一下客户端 Web Part 的开发和部署。首先创建一个**spfx-sample**的文件夹，然后运行下面的命令 yo @microsoft/sharepoint，在向导中按照提示进行选择。

（1）What is your solution name? 回车。

（2）Which baseline packages do you want to target for your component（s）？回车选择默认的"SharePoint Online only（latest）"。

（3）Where do you want to place the files? 回车选择默认设置。

（4）Do you want to allow the tenant admin the choice of being able to deploy the solution to all sites immediately without running any feature deployment or adding apps in sites? 回车选择默认的**No**。

（5）Which type of client-side component to create? 回车选择默认的WebPart。

（6）What is your Web part name? 输入名称spfxsample，然后回车。

（7）What is your Web part description? 留空，回车。

（8）Which framework would you like to use? 回车选择默认的设置 No JavaScript framework。

然后可能需要等几分钟直到项目生成结束，这取决于所使用的网络，如图4-64所示。

命令提示符

```
c:\temp\spfx-sample>yo @microsoft/sharepoint



                Welcome to the



Let's create a new SharePoint solution.
 What is your solution name? spfx-sample
 Which baseline packages do you want to target for your component(s)? SharePoint Online only (latest)
 Where do you want to place the files? Use the current folder
 Do you want to allow the tenant admin the choice of being able to deploy the solution to all sites immediately withou
t running any feature deployment or adding apps in sites? No
 Which type of client-side component to create? WebPart
 What is your Web part name? spfxsample
 What is your Web part description? spfxsample description
 Which framework would you like to use? No JavaScript framework
```

图 4-64

默认情况下，NodeJS的包是要从国外网站下载的，但有时候下载速度可能会非常慢。有一个变通的办法是，通过修改配置让它使用国内的镜像。此类镜像有很多，可以使用 npm config set registry，地址为https://registry.npm.taobao.org。注意，这样修改后需要重新打开命令行窗口才会生效。

至此，一个可以运行的WebPart项目已经准备就绪了。SharePoint Framework支持在本地直接进行调试，不要求安装SharePoint Server，也不需要真的拥有SharePoint Online的环境（如果只是显示内容，不需要涉及调用SharePoint资源的话），这是一个非常大的进步。

但在开始本地调试之前，需要确保有一个用于测试的数字证书，因为SharePoint Framework要求网站的地址必须是支持SSL的。可以通过 gulp trust-dev-cert 命令生成一个本地的证书，并且选择信任它。通常情况下会弹出一个窗口，如图4-65所示。

图 4-65

确认证书信息后，命令正常运行，会有图4-66所示的输出。

```
c:\temp\spfx-sample>gulp trust-dev-cert
Build target: DEBUG
[16:46:32] Using gulpfile c:\temp\spfx-sample\gulpfile.js
[16:46:32] Starting gulp
[16:46:32] Starting 'trust-dev-cert'...
[16:46:32] Starting subtask 'configure-sp-build-rig'...
[16:46:32] Finished subtask 'configure-sp-build-rig' after 5.62 ms
[16:46:32] Starting subtask 'trust-cert'...
[16:46:32] Finished subtask 'trust-cert' after 77 ms
[16:46:32] Finished 'trust-dev-cert' after 85 ms
[16:46:33] ====================[ Finished ]====================
[16:46:33] Project spfx-sample version: 0.0.1
[16:46:33] Build tools version: 3.2.7
[16:46:33] Node version: v6.12.2
[16:46:33] Total duration: 3.38 s
```

图 4-66

接下来通过 gulp serve 命令在本地启动一个Workbench文件，用来调试刚才创建的WebPart，如图4-67所示。单击图中的加号按钮，并选择"spfxsample"这个Web Part。

图 4-67

然后会在浏览器中看到一个默认的Web Part被添加进来了，如图4-68所示。单击Web Part左上角的笔形图标，页面右侧会出现一个属性面板，在面板中可以修改Description的信息，这些信息会立即显示在Web Part的界面上。

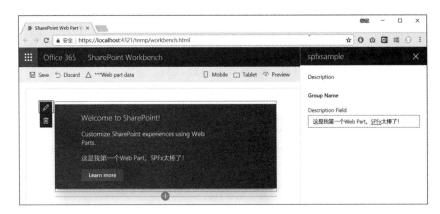

图 4-68

假设已经有了一个SharePoint Online的网站，想在它里面直接去调试WebPart，可以按照下面的步骤进行操作。

（1）打开任何一个SharePoint Online站点，将其地址复制下来，如 https://microsoftapc.sharepoint.com/teams/Samplesiteforares。

（2）在上面的地址后面追加一段地址 /_layouts/15/workbench.aspx，在浏览器中访问这个地址将看到一个与刚才本地调试界面很类似的页面，如图 4-69 所示。这里追加的地址也可以是 /_layouts/ workbench.aspx。

图 4-69

这是一个真实的在服务器端的页面，因为它是可以直接访问 SharePoint 当前上下文的。而且在添加 Web Part 时，会看到很多服务器中才有的 Web Part，如图 4-70 所示。

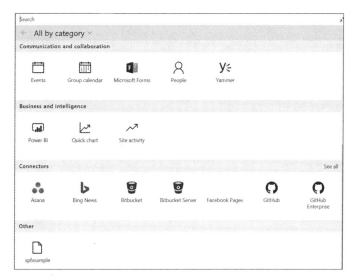

图 4-70

在 "Other" 中有刚才开发的 "spfxsample"，添加后就可以像之前在本地操作时一样设置属性，查看页面的变化，如图 4-71 所示。

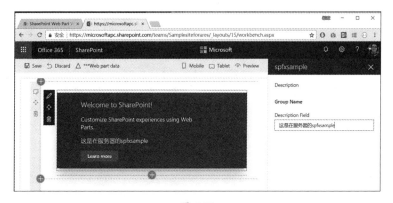

图 4-71

4.3.5　部署 SPFx WebPart

上面调试的功能正是广大 SharePoint 开发人员梦寐以求的：本地不需要任何环境，就可以直接调试，甚至能直接在远程站点页面上进行调试。

调试完成后就是真正的部署了，毕竟不可能要求用户都通过像 /_layouts/15/workbench.aspx 这样的地址来访问。

首先，需要通过 gulp bundle 命令将当前项目进行生成捆绑，如图4-72所示。

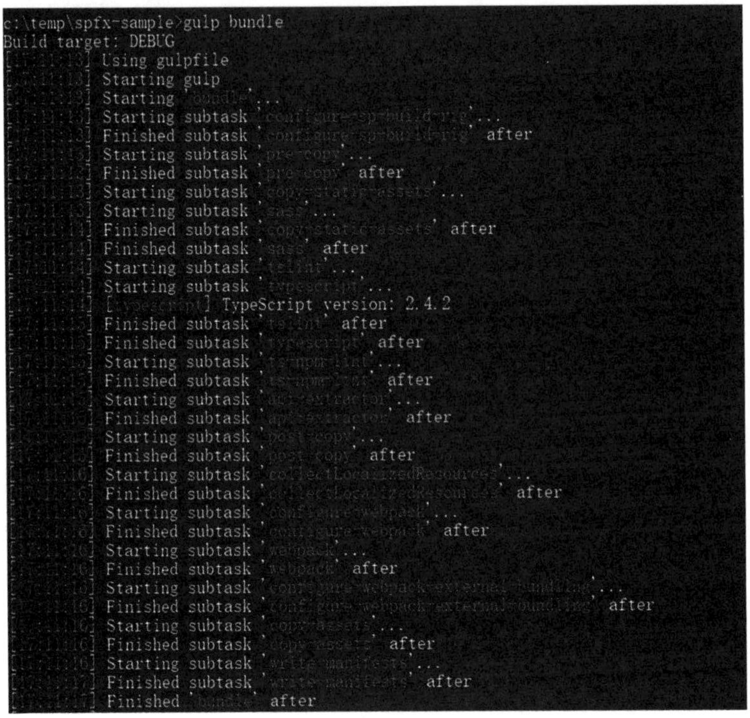

图 4-72

打包之后，通过gulp package-solution生成解决方案包，如图4-73所示。

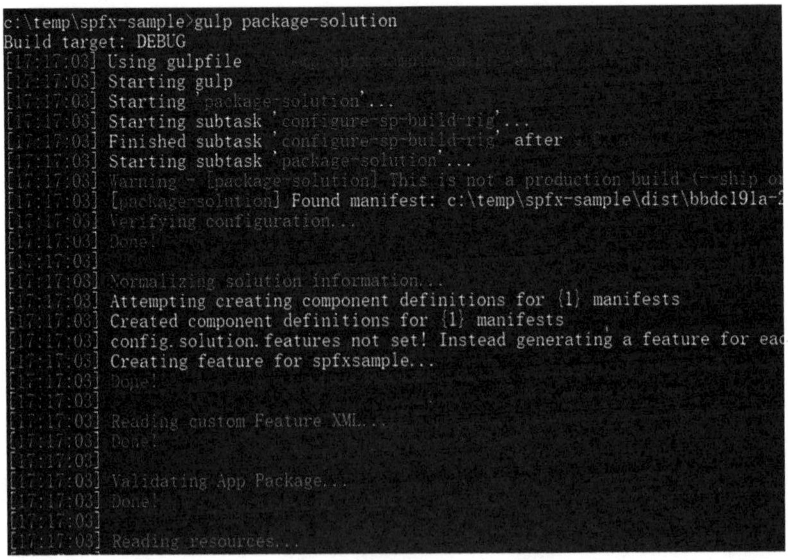

图 4-73

其次，可以在项目的 sharepoint\solution 目录中找到一个SPPKG文件，如图4-74所示。

图 4-74

在之前创建好的"应用程序目录网站"上面，可以将这个包上传上去，如图4-75所示。注意，这里显示的地址仍然是 https://localhost:4321。

图 4-75

然后就可以在测试网站中添加这个应用程序了，如图4-76所示。

图 4-76

等待应用程序安装完成，如图4-77所示。

图 4-77

在当前站点新建一个网页，在编辑网页时，能找到此前创建的 Web Part，如图 4-78 所示。

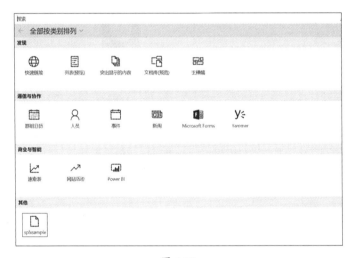

图 4-78

关于具体的使用，与此前本地调试时是一样的，如图 4-79 所示。

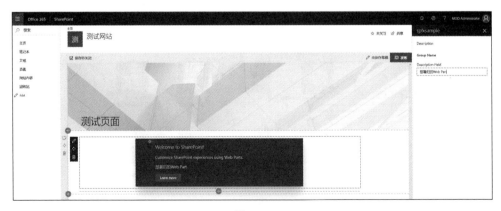

图 4-79

要注意的是，按照上面这种方式所部署的应用其实还是在本地运行的，所以要确保运行了 gulp

serve命令，否则会报错。

但这显然是不现实的，所以还是需要把这个应用部署在服务器中，类似于SharPoint Add-in的Provider-Hosted模式。不过，SharePoint Framework支持将项目成果发布到SharePoint中，它会用CDN（内容分发网络）帮助开发人员进行托管，这样就不存在外部网址，以及由此产生的跨域访问等问题了。

要确认当前网站是否支持SharePoint CDN，需要有Office 365全局管理员或SharePoint 管理员的身份，并且按照下面的提示安装好相关的PowerShell管理工具（下载管理工具的链接为https://www.microsoft.com/en-us/download/details.aspx?id=35588）。

打开SharePoint Online Management Shell，运行 Connect-SPOService（https://m365x810646-admin.sharepoint.com），连接到SharePoint Online管理中心。

然后运行 Get-SPOTenantCdnEnabled-CdnType public，确认当前网站是否支持CDN功能。如果是False，则继续执行 Set-SPOTenantCdnEnabled-CdnType public，当再提示问题时输入"a"，执行脚本，如图4-80所示。

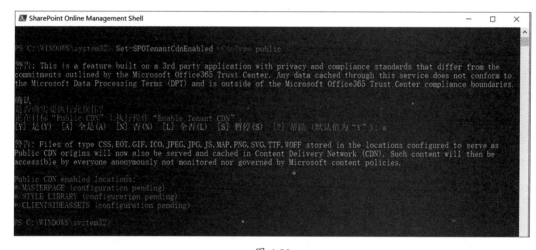

图 4-80

接下来就可以再次打包当前项目了。注意命令有所改变，首先是 gulp bundle --ship，然后是 gulp package-solution--ship。

最后，将生成的sppkg文件上传到应用程序目录网站，这时会发现内容地址变成了"SharePoint Online"，如图4-81所示。

图 4-81

在测试网站中添加这个应用程序后可以发现，即使本地并没有运行gulp serve，Web Part也能正常工作。

第5章

随需应变几乎是每个企业业务决策者的梦想，要想实现这个梦想，就要有支撑这个梦想的信息基础架构和开发运行平台。部署了Office 365的企业就已经拥有了这个先决条件。然而，如何进一步释放员工的潜能，让他们能在不断变化的需求面前应对自如，就涉及本章介绍的微软全新的商业应用开发平台。本章包括以下内容。

1. 使用PowerApps快速构建基于主题的轻业务应用。

2. Microsoft Flow概述。

3. Common Data Service（CDS）初探。

4. 为PowerApps、Flow及Power BI开发自定义连接器。

第 5 章　基于 Office 365 的随需应变业务应用平台

"基于Office 365的随需应变业务应用平台"是我于2016年10月底在微软技术大会（Microsoft Ignite 2016）上的演讲主题，现场既有IT部门的技术人员，也有业务部门的用户，还有少量的开发人员，这正好切合了这个主题想要表达的思想：在业务需求变化日趋频繁的当下，有了这3类用户的参与，再借助合适的基础架构（如微软的Office 365），就可以构建随需应变业务应用平台了。

2017年的微软技术暨生态大会（Microsoft Tech Summit）于2017年10月23日在国家会议中心举办，我在大会上分享了随需应变业务应用平台2.0解决方案，在延续2016年话题的同时，添加了Microsoft Teams与Bot Framework整合的内容。

下面来看一看企业业务应用平台的现状、需求和挑战。业务的需求通常来自客户的反馈和市场的需要，业务部门会发现并捕捉到这些变化，快速响应的企业能赢得更多的业务和机会。这是一个基本常识，但是越来越多的企业会遇到图5-1所示的三大挑战。

图 5-1

这三大挑战相互联系，甚至互为因果。由于以往业务应用开发过分依赖专业性技术，带来的问题就是周期长、成本高，而业务用户很多时候都是在干等着，无法及时响应市场和客户的需求；与此同时，因为只有少数人能够从事这类工作，大量业务用户的能力其实是被闲置了，这将导致企业的整体效能下降。业务移动化是一个趋势，但由于多平台都需要单独开发和维护，又进一步加剧了前面两个问题的严重性。

那么，有什么办法可以解开这个结呢？不妨先看一下业务应用的发展趋势，如图5-2所示。

图 5-2

必须说明的一点是，企业的业务应用是分层的。早在2011年高德纳（Gartner）就提出了企业业务应用的三层模型，如图5-3所示。

图 5-3

作为业务主干应用系统这一层，大部分企业都已经建设完毕，这些都是比较标准也比较复杂的系统。今天要谈论的业务应用，更多的是偏向前台创新应用和差异化应用。而所谓的随需应变，就是让更多的业务人员拥有构建面向主题的业务应用的能力，并且能随时根据捕捉到的信息进行调整，以达到快速响应变化的目标。

那么，从微软的角度来看，提供什么样的解决方案能实现这样的目标呢？Office 365平台目前已经内置了很多强大的服务，如大家耳熟能详的邮件服务、在线协作平台、视频会议平台等；同时还针对业务应用提供了创新性服务。例如，PowerApps可以快速根据数据源（最简单的做法是基于SharePoint的列表）构建跨平台移动业务应用，用于收集并处理数据；Microsoft Flow可以在异构系统之间建立业务流程；Power BI则提出了全新的数据呈现技术，彻底改变了开发人员与数据交互的方式，使开发人员能够洞察先机，然后利用从数据中获得的信息引导用户回到PowerApps中进行操作，或者触发某个Microsoft Flow的流程进行响应。这是一个不断迭代的过程，也可以称之为闭环，这也是随需应变最核心的理念，如图5-4所示。

图 5-4

5.1　使用 PowerApps 快速构建基于主题的轻业务应用

随着随需应变的业务需求及技术的发展，业务应用的开发模式也有了巨大的变化。基于微软的平台，有服务于主干业务应用的 Dynamic 365 业务应用平台（包括 CRM 和 ERP），也有服务于员工日常工作的 Office 365 生产力平台。这看起来非常清晰，但它们的界限其实在逐渐模糊，在 Office 365 平台上也能进行行业务操作，而在 Dynamics 365 这个成熟的平台上，用户也能去定义自己需要的应用。

为了使业务用户有能力自己构建基于主题的轻业务应用，微软给出了一个全新定义的商业应用平台，主要包括 PowerApps、Flow 及 Power BI 3 个组件。它们与 Office 365 及 Dynamics 365 是紧密的集成关系（当然，它们也支持很多其他的外部系统），通过底层的通用连接器、数据模型及网关进行连接，必要的时候也支持高级定制化，如图 5-5 所示。

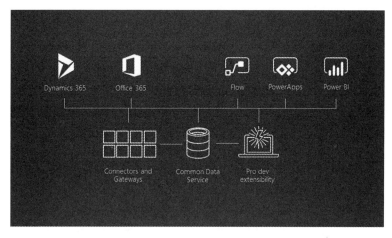

图 5-5

PowerApps 可以根据数据模型快速生成移动优先和云优先的业务应用，这个应用中如果需要实现业务流程，可以通过 Flow 来解决，而最终产生的大量数据则通过 Power BI 来展现，或者根据数据的规则发起新的流程或应用操作。它们形成了一个闭环，可以满足不断优化的、随需应变的业务需求。最重要的一个前提是，这一切都是由业务用户自己来做的，无须编程。本节将用实例介绍 PowerApps 的快速入门，其中包括以下 4 个场景。

（1）基于一个保存在 OneDrive for Business 个人网盘中的 Excel 文件创建业务应用。

（2）基于 SharePoint Online 的列表创建轻业务应用。

（3）基于 Dynamics 365 创建自定义应用。

（4）将 PowerApps 应用集成到 Microsoft Teams 中。

5.1.1　先决条件

在以下几种情况下，可以开始使用 PowerApps。

1. 已经拥有下面的 Office 365 授权

（1）Office 365 Business Essentials。

（2）Office 365 Business Premium。

（3）Office 365 Education。

（4）Office 365 Education Plus。

（5）Office 365 Enterprise E1。

（6）Office 365 Enterprise E3。

（7）Office 365 Enterprise E5。

2. 已经拥有下面的Dynamics 365授权

（1）Dynamics 365 for Sales, Enterprise edition。

（2）Dynamics 365 for Customer Service, Enterprise edition。

（3）Dynamics 365 for Operations, Enterprise edition。

（4）Dynamics 365 for Field Service, Enterprise edition。

（5）Dynamics 365 for Project Service Automation, Enterprise edition。

（6）Dynamics 365 for Team Members, Enterprise edition。

（7）Dynamics 365 for Financials, Business edition。

（8）Dynamics 365 for Team Members, Business edition。

3. 单独购买了PowerApps

（1）PowerApps Plan 1。

（2）PowerApps Plan 2。

截至目前，以上提到的PowerApps、Flow及Power BI，除了Power BI之外，其他两个组件还没有在中国区部署。目前在国内访问PowerApps服务，偶尔会出现速度稍慢的问题。

PowerApps是给业务用户准备的，所以使用它的用户并不需要懂编程，甚至都不需要了解数据库这些细节。PowerApps默认已经附带了一些标准的范例，用户可以直接体验，如图5-6所示。

图 5-6

5.1.2　基于一个保存在 OneDrive for Business 个人网盘中的 Excel 文件创建业务应用

下面就从Excel开始练习。假设场景是这样的：用户是一个销售部门主管，他有一个Excel文件是用来保存订单数据的，希望快速开发一个轻量级的业务应用，让其他同事在手机上就可以快速地输入或修改订单信息、查询订单列表，以及做其他一些有意思的事情。有了PowerApps，就不需要等待开发人员（不管是公司内部的IT部门同事还是外面的专业团队）花费1~2周的时间去开发一个网页或者定制一个移动App了，他要做的只是把Excel文件定义好，如图5-7所示。

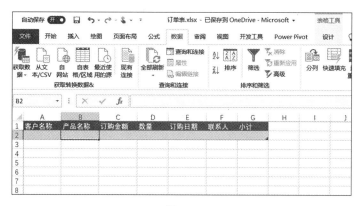

图 5-7

除了要定义一个表格外，只需再把这个文件保存在他的OneDrive for Business中即可。

接下来要做的是打开在线的应用开发平台https://preview.web.powerapps.com，使用自己的账号（不管是Office 365账号，还是Dynamics 365账号，或者是单独的PowerApps账号）进行登录。登录后，单击左侧的"应用"按钮，然后选择右上角的"创建应用"选项，如图5-8所示。

图 5-8

选择"OneDrive for Business"中的"手机布局"选项，如图5-9所示。

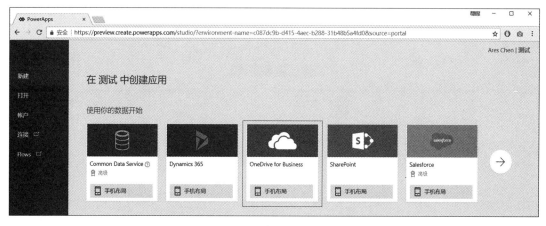

图 5-9

然后单击"创建"按钮，如图5-10所示。

图 5-10

如果之前已经创建过连接，则定位到并单击之前保存的 Excel 文件，PowerApps 会自动检测文件内部的表格，选中其中一个表格后，单击右下角的"连接"按钮，如图 5-11 所示。

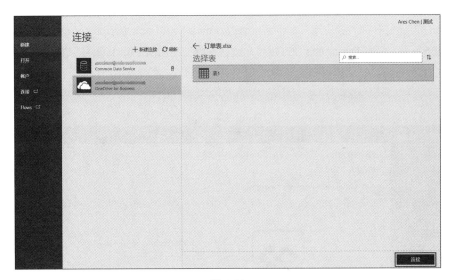

图 5-11

一两分钟后，就能看到一个自动生成的应用，如图 5-12 所示。

图 5-12

这里先不展开细节，可以直接按"F5"键运行这个应用，如图 5-13 所示。

单击图5-13右上角的加号按钮，可以在打开的界面中输入订单信息，如图5-14所示。单击右上角的对勾按钮，可以保存当前记录并自动返回主界面。

图 5-13　　　　　　　　　　　　图 5-14

此时主界面会显示所有的订单列表，如图5-15所示。

如果单击某条记录，则会进入订单的详细界面，如图5-16所示。

单击图5-16右上角的笔形按钮，可以进入订单的编辑界面，如图5-17所示。

图 5-15　　　　　　　　图 5-16　　　　　　　　图 5-17

至此，就完成了一个最简单但确实能立即工作的轻业务应用，然后保存这个应用，如图5-18所示。

图 5-18

还可以将这个应用保存在本地计算机（This computer）中。这个操作会生成一个扩展名为.msapp的文件，收到这个文件的用户可以双击打开应用，然后将其分享给需要的同事。单击"共享此应用"按钮，就可以一次性添加公司的所有同事，也可以单独添加某个同事。如图5-19所示。

图 5-19

除此之外，还可以授权给同事一起编辑，如图5-20所示。

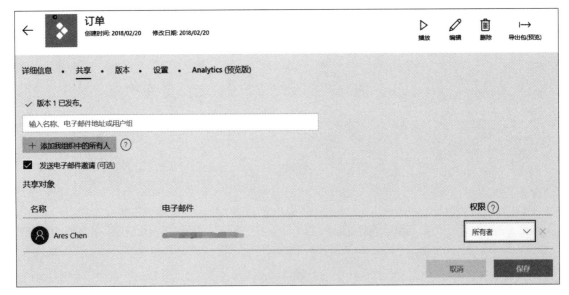

图 5-20

可以指定被分享的同事会收到一封邮件，但如果该同事并没有被授予访问上面提到的Excel文件的权限，那么虽然能打开应用，但却无法读取任何数据，也无法进行任何操作。作为应用的作者，需要在OneDrive for Business中选择该文件，然后给同事授予访问权限。

至此，一个最简单但足够实用的应用就创建好了，既可以通过网页版（https://web.powerapps.com/home）进行访问，也可以通过免费的Windows桌面客户端（PowerApps）进行使用。但用得最多的场景应该是在手机中。目前PowerApps这个应用可以在App Store和Google Play等应用市场中免费下载，如图5-21所示。

这个PowerApps其实相当于一个超级App，它负责运行用户自定义的业务应用。打开PowerApps，输入账号和密码登录后，可以看到自己有权使用的所有应用，如图5-22所示。

图 5-21

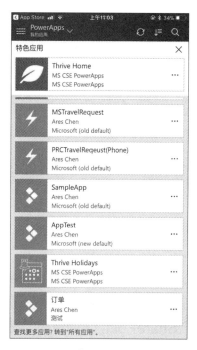

图 5-22

单击某个应用，就可以进行数据查询和操作了。这里要提示的是，如果某个应用需要经常使用，可以将其固定在手机的屏幕上，而无须每次都进入PowerApps中查找，如图5-23所示。

图 5-23

最后，所有用户在PowerApps中操作的数据将统一保存在Excel文件中。值得注意的是，

PowerApps会在表格中增加一个特殊的列：__ PowerAppsId _，用来唯一标识每一行，如图5-24所示。

图 5-24

以上完整地介绍了如何基于OneDrive for Business中保存的一个Excel文件快速开发一个业务应用，并且分享给公司的同事，让他们可以通过多种方式进行使用。接下来将继续展示两个最典型的场景。

5.1.3 基于 SharePoint Online 的列表创建轻业务应用

SharePoint 作为业界领先的团队协作和内容管理平台的能力已经得到了数以亿计的用户的认可。在团队协作场景中，有基于文档或内容（如笔记）的协作，也有基于工作任务的协作。不管是文档还是工作任务，它们的本质都是一个列表。列表功能很强大但也很简单，只要会用Excel，就肯定会用列表。SharePoint的列表是一种服务器技术，用来像Excel那样帮助用户保存各种数据，它的共同编辑和协作更加容易操作。

要创建一个列表非常容易，在团队网站的首页上单击"新建"按钮，在下拉列表中选择"列表"选项，然后输入一些基本信息并单击"创建"按钮即可，如图5-25所示。

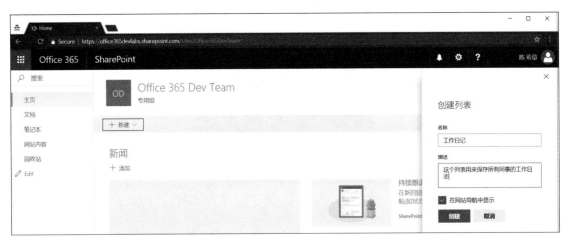

图 5-25

然后为该列表增加一些字段，最终效果如图5-26所示。

图 5-26

在列表的顶部工具栏中有一个 PowerApps 按钮，这可以说是 PowerApps 与 SharePoint 无缝整合的有力证明。单击这个按钮会弹出两个选项：一个是"创建应用"选项，另一个是"自定义表单"选项。这里先选择"创建应用"选项，然后单击"创建"按钮，如图 5-27 所示。

图 5-27

一两分钟后，PowerApps 会根据 SharePoint 结构自动生成一个应用，如图 5-28 所示。

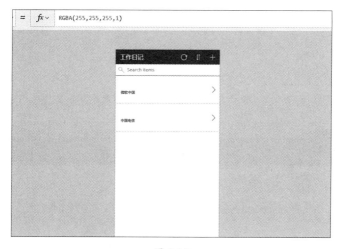

图 5-28

即使不做任何修改，这个应用也已经能用来填写工作日志了，至于如何分享及在移动设备中使用，这里不再赘述。值得注意的是，如果一个列表关联了至少一个 PowerApps 应用，它的主界面会多出一个

对应的视图，如图5-29所示。

图 5-29

单击图5-29中的"打开"按钮，将启动PowerApps对列表进行操作，如图5-30所示。

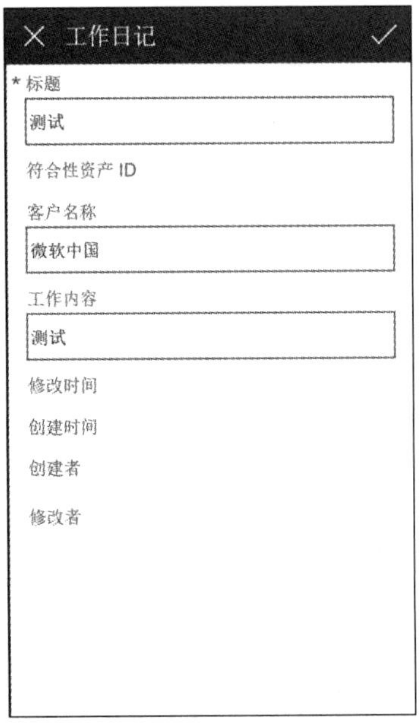

图 5-30

其实PowerApps只是用户界面，所有的数据都是保存在列表中的，如图5-31所示。

图 5-31

不要忘记，如果要分享给同事，希望他们也能使用这个应用来提交工作日志，就必须授予他们访问这个列表的权限。

下面介绍另一个 PowerApps 与 SharePoint 结合的场景。虽然有了 PowerApps，但还是会有一些用户习惯直接在 SharePoint 中编辑和修改列表数据。下面先来看一下默认情况下 SharePoint 提供的列表项编辑界面，如图 5-32 所示。

图 5-32

图 5-32 是默认的界面，但如果用户想要有自己的界面，应该怎么做呢？有一个强大的技术叫作 Infopath，它是一种基于 XML 定义的表单技术，使用它可以自定义 SharePoint 列表的界面。我以前写过很多这方面的文章，其中有一篇可以参考 http://www.cnblogs.com/chenxizhang/archive/2010/04/22/1718090.html。

不过，Infopath 也有它自身的问题，而且对于 SharePoint 的版本有所依赖。进入 SharePoint Online 时代后，就已经不再使用 Infopath 了，但直到现在才揭晓了它的替代方案，那就是 PowerApps。

在列表工具栏中选择 "PowerApps" 选项，在下拉菜单中选择 "自定义表单" 选项，就会生成一个应用，如图 5-33 所示。注意，为了让大家看到效果，这里在界面底部故意加了一行文字。单击左上角的 "返回 SharePoint" 按钮，按照提示发布应用，然后在 SharePoint 页面中再次创建列表项。

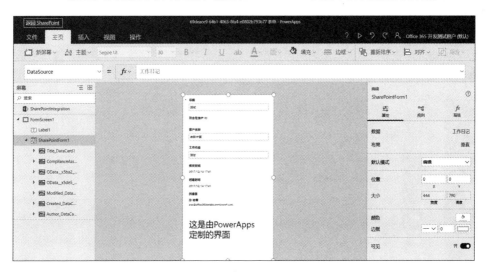

图 5-33

此时会看到图 5-34 所示的界面。

图 5-34

注意，这个自定义表单功能只影响网页编辑界面。SharePoint 移动应用上还是会使用默认的的界面。

5.1.4　基于 Dynamics 365 创建自定义应用

现在来快速了解一下 PowerApps 是如何与 Dynamics 365 结合创建自定义应用的。这个场景其实与前面两个很类似，只是将数据源换成了 Dynamics 365，如图 5-35 所示。

图 5-35

选择"Dynamics 365"模板，然后用自己的 Dynamics 365 账号创建一个连接，选择合适的业务实体对象，如图 5-36 所示。

图 5-36

选择图 5-36 左侧的"连接"选项，PowerApps 会根据给定的数据结构自动生成应用，如图 5-37 所示。

图 5-37

后面的步骤与 OneDrive for Business 非常相似，这里不再赘述。

5.1.5　将 PowerApps 应用集成到 Microsoft Teams 中

之前使用 PowerApps 的业务应用至少有 3 三种方式：网页、桌面客户端、移动客户端。现在又多了一个选择，就是将它直接集成到 Microsoft Teams 这个一站式的协作和沟通工具中。

Microsoft Teams 是 Office 365 的一个组件，不了解的读者可参考 https://products.office.com/zh-cn/microsoft-teams/group-chat-software。

图 5-38 是一个常见的 Teams 界面。单击界面中"Wiki"旁边的加号按钮，可以添加 PowerApps 功能作为一个选项卡。

图 5-38

添加页面如图 5-39 所示，如果是第一次使用，会有一个提示安装的界面，只需单击"安装"按钮即可，然后按照提示进行登录后会进入图 5-40 所示的界面。选中 App 后，单击"保存"按钮会自动创建一个选项卡，以后用户就可以直接在 Teams 中运行这个应用了，如图 5-41 所示。

注意，如果是在 Microsoft Teams 的移动客户端中，会尝试直接打开 PowerApps 应用，而不是在 Teams 中打开应用。

图 5-39

图 5-40

图 5-41

5.1.6　进阶话题

　　前面用3个实例演示了如何快速开始使用PowerApps构建轻业务应用，而且都是使用默认生成的设置，没有做任何修改。但这样自动生成的应用不能直接用于实际的工作中，要想达到实际使用的目的，还需要掌握一些"高级"知识，并且多进行一些练习。下面从4个方面展开介绍。

◐ 布局与控件

　　再次回到之前自动生成的基于Excel文件的订单应用，如图5-42所示。

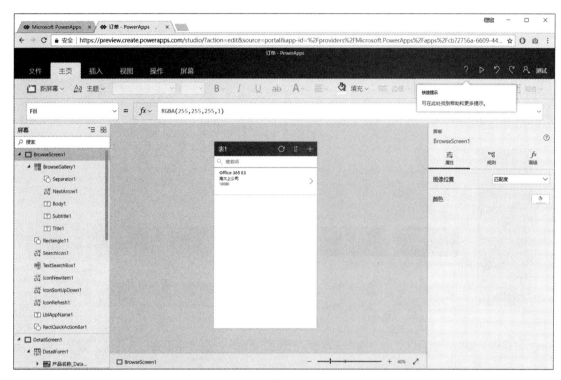

图 5-42

　　首先从左侧开始来剖析这个应用。作为一个给最终业务用户使用的应用，它是怎样构建用户界面的呢？这个应用虽然简单，但其实已经包含了我们常说的"增、删、改、查"四项基本功能。PowerApps的应用是由一个个Screen（屏幕）组成的，一个屏幕通常代表某一项功能。例如，BrowseScreen一般用来显示数据列表，对应的数据操作是"查询列表"；DetailScreen一般用来显示某条数据的详细信息，对应的数据操作是"查询"；EditScreen一般用来新建数据或编辑数据，对应的数据操作是"插入"和"更新"。

　　值得注意的是，以上名称只是推荐的做法，并不强制要求查询的屏幕名称必须为BrowseScreen，也不要求必须是上面3个屏幕之一。事实上，用户随时可以添加自己需要的屏幕（Screen），如图5-43所示。

　　这里还要说明一点，PowerApps的应用天生就是面向移动设备的，所以它默认有两种布局：手机布局和平板电脑布局。此前自动生成应用时选择的是手机布局（Phone Layout），这取决于模板的设置。一旦熟悉之后，完全可以自己选择布局，然后开始设计，如图5-44所示。

图 5-43

图 5-44

可以从零开始做，也可以从一个模板开始做，但要注意选择的是"手机布局"选项，如图5-45所示。

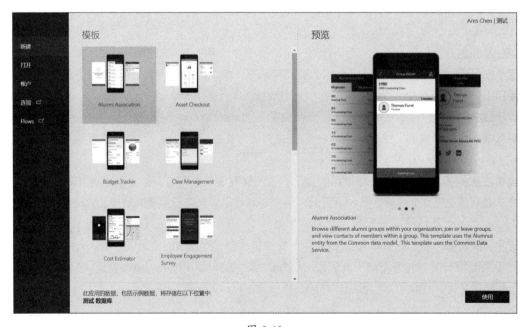

图 5-45

回到应用本身，PowerApps的应用是由一个个屏幕组成的，那么屏幕又是由什么组成的呢？答案就是控件。

总体来说，PowerApps的控件分为两大类，一类是容器控件，一类是普通控件。容器控件是可以包含其他控件的控件，其中主要包括Gallery（库）控件和Form（表单）控件。前者主要用来显示列表数据。后者主要用来显示或编辑数据。

相较而言，普通控件更多，也更有意思。总体来说，控件可以分为以下几个类别。（请注意粗体部分，这是PowerApps在移动优先这个目标之下的一些亮点功能。）

1. 文本

（1）标签（Label）。

（2）文本框（Text Input）。

（3）**HTML文本框**（HTML text），支持用户输入HTML文本，显示副文本内容，如显示链接 <a href="xxxx">文本</a>。

（4）**手写笔输入框**（Pen input），支持用户通过手写或电子笔签名，生成的图片可以保存起来。

2. 控件

（1）按钮（Button）。

（2）下拉框（Drop down）。

（3）组合框（Combo box）。

（4）日期选择器（Date picker）。

（5）列表框（List box）。

（6）复选框（Check box）。

（7）单选框（Radio）。

（8）**切换按钮**（Toggle）。

（9）**滑动框**（Slider）。

（10）**评分按钮**（Rating）。

（11）**计时器**（Timer）。

（12）导入数据（Import）。

（13）导出数据（Export）。

（14）**PDF查看器**（PDF Viewer）。

（15）**Power BI 磁贴**（Power BI Tile）。

（16）附件（Attachments）。

（17）数据表控件（Table）。

3. 多媒体控件

（1）图片（Image）。

（2）**摄像头**（Camera）

（3）**码扫描器**（Barcode），可以扫描一维码和二维码 。

（4）视频播放器（Video）。

（5）音频播放器（Audio）。

（6）麦克风（Microphone）。

（7）图片选择器（Add Picture）。

4.图形控件

（1）饼图（Pie chart）。

（2）柱状图（Column chart）。

（3）折线图（Line chart）。

现在大家对于 PowerApps 所支持的一些图形化界面元素有了基本的了解，接下来就是学习如何真正地使用好它们。用户不需要去学一门编程语言，只需要知道这些控件的使用方法即可，主要包含以下两个方面。

（1）为控件的属性赋值。一般选中一个控件后，在右侧会有一个属性面板，列出了所有可以设置的属性。如果已经比较熟悉了，可以在工具栏下面的编辑栏中直接输入属性名和值，快速完成设置。

（2）为控件的事件绑定表达式。除了纯粹显示数据的控件外，大部分控件都是可以进行交互式操作的，如接受用户的点击等。如何为这种行为做出响应呢？在编程中，其专业术语叫编写事件处理程序。PowerApps 不需要编码，所以它提供了一些特殊的表达式来实现简单的事件处理逻辑。例如，下面是一个最常见的按钮事件，当用户单击后，它会从第一个屏幕切换到第二个屏幕。这里用的是 navigate 函数，另外还有 Back 和 Forward 函数，表示后退和前进。不需要去记这些东西，因为单击控件后，顶部的 Action 菜单中一般会列出该控件支持的常见操作。Navigate 是一个导航的功能；Collect 是一个收集数据的功能；Remove 则是删除数据的操作，与 Collect 对应；Flows 能够发起一个外部流程。

注意，用户可以在事件表达式中定义多个操作，只要用分号将它们分开即可，就像下面这样。

```
Collect(TestData,Dropdown1.Selected);Navigate(Screen2, ScreenTransition.Fade)
```

⊃ 使用数据

界面只是一个表象，用户真正在交互的其实是数据。前面已经介绍了 Excel 文件、SharePoint 列表及 Dynamics 365 的业务实体作为数据的场景。下面要进一步深入探讨。

首先，一个 PowerApps 的应用可以使用多个数据源，一个数据源反过来也可以用于多个 PowerApps 的应用。在顶部菜单中找到"视图"，选择"数据源"选项可以查看当前应用中能用到的所有数据源，当然也可以添加需要的其他数据源，如图 5-46 所示。

图 5-46

其次，需要掌握几个常见的数据筛选函数。虽然一个应用中能支持多个数据源，但是它没办法像 PowerBI 一样在这些数据源之间建立映射和关系。那么，如果想根据用户的选择来决定对某个数据集合进行筛选、排序等操作，应该怎么办？答案是使用数据筛选函数。PowerApps提供了3个非常强大的函数：Filter、Search 和 LookUp。我建议大家详细阅读 https://docs.microsoft.com/zh-cn/powerapps/functions/function-filter-lookup 这篇文章，并进行实际的操作，以此来加深了解，这是从会做一个Hello world这样的应用到会做一个实际能用在工作中的应用必须要学会的，如图5-47所示。

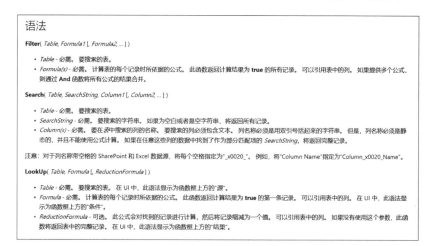

图 5-47

最后，需要了解如何在屏幕间传递数据。如果用户需要从一个屏幕切换到另外一个屏幕，如何将前一个屏幕的数据传递过来呢？PowerApps提供了上下文变量的概念，而且在很多函数中都自带了这个功能。例如，Navigate 函数就可以在第三个参数定义要传递下去的变量和值。图5-48中定义了一个 Language的变量，仅在这个Navigate的生命周期内有效。

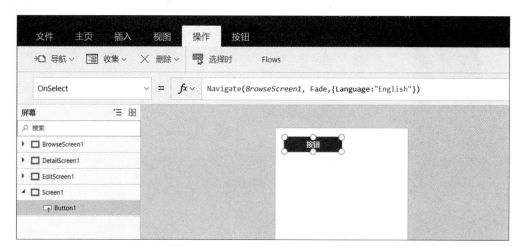

图 5-48

用户还可以通过下面的功能查看所有的变量，以及它们被使用的情况，如图5-49所示。

关于PowerApps的上下文变量的细节，可参考 https://docs.microsoft.com/zh-cn/powerapps/functions/function-updatecontext。如果想要定义在整个应用程序中都能用的全局变量，可参考Collect 函数 https://docs.microsoft.com/en-us/powerapps/functions/function-clear-collect-clearcollect。

图 5-49

对于绝大部分数据源来说，每次都是以当前用户的身份去访问的。所以不管是将一个Excel文件放在OneDrive for Business中，还是一个SharePoint List中，在分享给同事之前，需要确保他们是有权限访问的。

PowerApps还提供了一个专门的函数（User），用来获取当前用户的邮箱、显示名称及个人头像3个数据。

⊃ 使用网关

PowerApps默认支持上百种数据源，尤其是对云端的SaaS应用有极好的支持。但是，假设用户的数据不在支持列表中，或者数据在公司内部的服务器中，能否一样享受到PowerApps带来的好处呢？答案是肯定的，PowerApps通过一个网关（Gateway）技术，可以在用户授权的情况下安全地连接到用户私有的数据，如图5-50所示。单击右上角的"新建网关"按钮，将被引导到一个下载界面。

图 5-50

在图5-51所示的下载界面进行应用的下载。

图 5-51

下载完成后双击下载的应用图标进行安装，安装完成后会看到图5-52所示的界面。

图 5-52

最后输入能登录到PowerApps的账号进行身份认证，如果能看到图5-53所示的界面，则表示配置
成功。而且PowerApps、Microsoft Flow及Power BI是共用Gateway基础设施的，无须配置三套。

图 5-53

那么怎样使用这个网关呢？还是要回到网关的管理界面，这时可以发现多出来一个gatewaydemo
的网关，如图5-54所示。

图 5-54

接下来，在新建连接时选择自己的数据源类型（如 SQL Server），在具体配置时选中"使用本地数据网关连接"单选按钮，如图 5-55 所示。

图 5-55

○ 应用生命周期管理

最后介绍关于 PowerApps 的应用生命周期管理的概念。PowerApps 是面向业务用户、快速开发和迭代的一个平台，只有这样才能满足随需应变的业务需求。所以，用户会快速开始工作，发布自己的应用，在使用过程中再根据反馈快速调整设计，然后重新发布。这样就带来一个版本管理（或者说是应用生命周期管理）的问题。

　　PowerApps会为每次的发布保存一个版本，如图5-56所示，"订单"应用目前有两个版本，而版本2是目前正在使用的（Live）。

　　如果发现版本2并不是很稳定，或者某些功能并不能像预期的那样正常工作，完全可以在这里切回版本1，只需单击版本1后的"恢复"按钮即可。

图 5-56

5.2　Microsoft Flow 概述

　　人、物、事件和流程，构成了精彩纷呈的世界，那么在IT世界里，如何把各种奇形怪状的应用系统、各种事件和流程无缝整合起来，并且让其帮助人们又好又快地完成工作呢？

　　近二十年来，有大量的工作流引擎（Workflow Engine）、BPM和EDI系统不断涌现，在企业级市场上也曾风起云涌、各领风骚。不过，随着云和移动互联网时代的到来，它们或多或少都受到了一些挑战和冲击。在这一波新的浪潮中，IFTTT无疑是站在浪尖的那一个，风头一时无二。IFTTT= if this, then that，很好地诠释了它的精髓，如图5-57所示。

　　微软在企业级领域有Biztalk这样的BPM服务器，也有Workflow Foundation这样的系统层面的工作流能力，在SharePoint Server中内置了Workflow Foundation的支持。与此同时，在云平台蓬勃发展的当下，又重新开发和打造了一个全新的流程平台——Microsoft Flow。它既有类似于IFTTT的强大和灵活架构，也继承了微软多年的企业级服务的基因，在团队协作、与企业内部应用集成及安全性等方面有自己的特点。

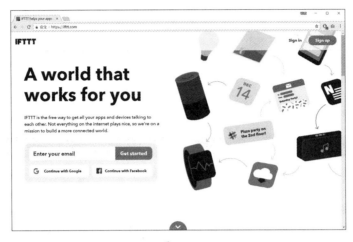

图 5-57

在微软的产品命名传统中，能直接冠以 Microsoft 作为产品名称的并不多，由此可见 Microsoft Flow 的价值和地位。

如果用户有 Office 365 或 Dynamics 365 的账号，可能就已经拥有了 Microsoft Flow，当然也可以自行申请免费版（注意，是真正的免费，不是试用）和收费版，如图 5-58 所示。

图 5-58

本节主要包括以下内容，相信会对大家了解 Microsoft Flow 有所帮助：

（1）通过 Microsoft Flow 实现将特定邮件的附件自动保存到 SharePoint Online 文档库中。

（2）实现周期性执行的流程。

（3）实现用户手工启动的流程。

（4）在 PowerApps 中操作引发的流程。

（5）通过 Power BI 警报引发的流程。

5.2.1　通过 Microsoft Flow 实现将特定邮件的附件自动保存到 SharePoint Online 文档库中

这种基于事件的流程处理可能是 Microsoft Flow 中最常见的。下面是一个真实案例，大致场景是这样的：我们每周会收到内部同事发送过来的一封邮件，邮件中通常都带有一个附件（名称是"Office 365 周报.xlsx"），我们希望这些附件能以固定的命名规则保存在团队网站的某个文档库中，这样公司的所有人就随时可以集中看到所有的周报了。我们希望这个动作能自动实现，无须人为操作。

从Microsoft Flow的角度来看，这样的流程简直是太适合了，甚至可以直接用它的模板实现。登录 flow.microsoft.com 后，搜索"附件"，就可以看到很多模板，然后单击第一排的第三个模板，如图5-59所示。

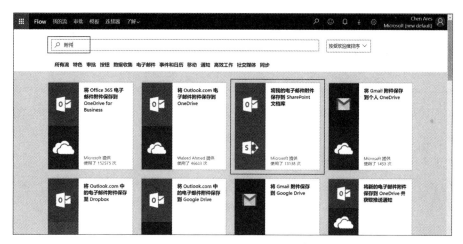

图 5-59

设置好账号信息，然后单击"继续"按钮，如图5-60所示。

图 5-60

设置需要监控的邮箱文件夹、要保存的SharePoint Online团队网站及文档库位置，如图5-61所示。

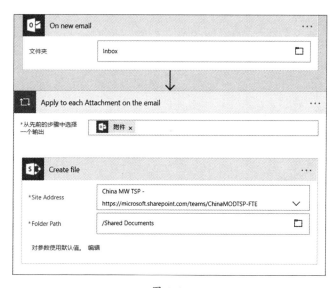

图 5-61

那么，如何设置条件呢？毕竟我们只是想监控带有附件且附件名为"Office 365周报.xlsx"的邮件。通过单击图5-62中的加号按钮，选择"添加条件"选项即可实现这个功能。

下面是编辑好的一个流程，带有两个条件分支，只有两个条件都满足才会在SharePoint Online 相应的文档库中创建文件，而且文件名是自动加上了时间戳的，这样能确保不会重复。默认情况下，如果文件名重复，Microsoft Flow会自动覆盖原文件，如图5-63所示。

图 5-62

图 5-63

保存这个工作流，然后模拟发送一封邮件，很快就能看到SharePoint Online的文档库中已经自动创建了一个文件，如图5-64所示。

图 5-64

如果对这个流程的执行细节有兴趣，可以回到工作流的视图查看运行记录，如图 5-65 所示。

图 5-65

单击某一个运行记录，即可看到其细节，如图 5-66 所示。

图 5-66

如果某次执行失败，就会收到一封邮件，而且可以在这个界面重新提交流程执行命令。

至此，就创建了一个简单但实用的流程，它会自动监控用户邮箱的收件箱，如果邮件带有附件，并且附件名为"Office 365周报.xlsx"，就会将此文件加上时间戳保存到用户指定的SharePoint Online文档库中。如果觉得这个想法不错，还可以分享给其他同事，如图5-67所示。

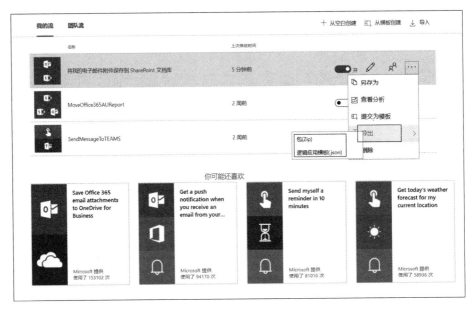

图 5-67

对于复杂一些的流程，Microsoft Flow支持多人共同编辑，如图5-68所示。

图 5-68

5.2.2 实现周期性执行的流程

5.2.1节中的场景是根据某个事件来触发Microsoft Flow，这是最常见的，但还有一种情况也比较普遍，那就是周期性执行某个流程。例如，每个月从SharePoint Online的列表中导出一批数据，生成一个Excel文件，然后发送给某个邮箱。这要怎么实现呢？流程的细节这里不准备展开，但要提示一个最关键的操作，就是设置周期性执行流程。

其实并不难，只需要将一个特定的触发器放在流程的第一步即可，如图5-69所示。选择"计划"触发器，进行必要的设置。

图 5-69

设置界面如图5-70所示。

图 5-70

5.2.3　实现用户手工启动的流程

Microsoft Flow如此简单易用，以至于开发人员不再满足于将其定义为仅仅在后台执行自动化任务（就像上面提到的两种情况一样）。那么，有没有可能定义一个流程，用户想什么时候执行就什么时候执行呢？比如，计算机开机其实就是一个流程，但不想它每次都自动开机，而是由用户按下开机按钮后才开机。

　　我很喜欢上面这个比方，毕竟这样一来，作为人类的我们似乎也多少能找回一些控制世界的尊严和自豪感。不管怎样，Microsoft Flow确实实现了类似的机制，而且名称为"按钮"，如图5-71所示。

图 5-71

　　先来看第一种，它允许用户在Microsoft Flow的移动App中通过一个按钮执行某个流程。例如，简单设计一个流程，让用户输入几个参数后，Microsoft Flow就会给他的邮箱发一个邮件，如图5-72所示。

　　在Microsoft Flow的移动App中，有一个专门的分类为Buttons，如图5-73所示。

图 5-72

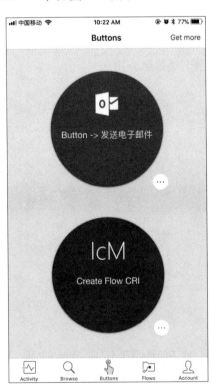

图 5-73

　　单击图5-73中的"Button->发送电子邮件"按钮，会进入一个输入参数的界面，如图5-74所示。

图 5-74

试想一下，用户可以通过一个按钮发邮件，当然也可以通过它来开启家里的空调。

截至目前，Microsoft Flow 的移动 App 还只是测试版，除了微软员工可以使用 dog food 版本，以及部分国家的 App Store 可以下载外，中国地区还不能下载。

5.2.4　在 PowerApps 中操作引发的流程

PowerApps 应用提交的数据，或者保存在 Excel 文件中，或者保存在 SharePoint Online 的列表中。Flow 能监控 Excel 或列表的变化，然后自动在后台执行任务。这种情况下，PowerApps 和 Flow 其实是松耦合的，没有任何直接联系，但确实能实现在 PowerApps 中直接发起 Flow 的流程。一般分以下两步。

第一，创建一个可以从 PowerApps 中调用的流程。这里的关键是触发器——PowerApps，如图 5-75 所示。

图 5-75

第二，在 PowerApps 的应用中启动流程。发放一个按钮，然后在 Action 中选择 "Flows" 选项，此时会弹出一个面板，让用户选择一个流程，如图 5-76 所示。

图 5-76

如果需要输入参数该怎么办？这里有一个非常有意思的设计：在 Flow 的设计器中，用户可以选择一个希望接受参数的位置，然后选择"在 PowerApps 中提问"选项，它就会生成一个上下文变量，如图 5-77 所示。

图 5-77

最后，在 PowerApps 中执行 Run 时就可以指定邮件主题了，而且这个参数可以定义任意多个。

5.2.5　通过 Power BI 警报引发的流程

下面介绍如何在 Power BI 中集成 Flow 实现自动化。Power BI 是新一代的智能数据分析和可视化的工具，一经发布就受到了广泛的关注和好评，目前稳居 Gartner 魔力象限的领导者象限。图 5-78 所示的是一个典型的 Power BI 仪表盘，用来分析零售门店的业绩。

图 5-78

Power BI有一个很有意思的功能：假设我是一个销售总监，希望能监控到这个仪表盘上面的一些关键指标，当它们发生变化，尤其是我不希望看到的一些变化（如销售额明显下降）时，我能自动得到一些通知，这种情况下应该怎么办？我能24小时不吃不睡地守在计算机前刷这个仪表盘吗？当然不能。Power BI提供了一个警报功能，可以让用户自己定义需要监控的指标，并且定义发出警报的动作，默认情况下，它可以给用户发一封邮件。创建警报很简单，在某个磁贴的右上角单击，会出现一个菜单，在菜单中选择"管理警报"选项，如图5-79所示。

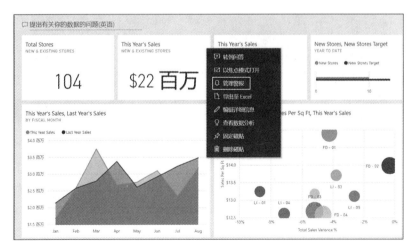

图 5-79

然后单击界面右上方的"添加警报规则"按钮，如图5-80所示。

在图5-80所示的界面右下方有一个"使用 Microsoft Flow 触发其他操作"的链接，单击该链接之后会转到Microsoft Flow界面并自动选择一个模板，用户只需设置一些账号即可，如图5-81所示。

图 5-80   图 5-81

5.3 Common Data Service（CDS）初探

CDS（Common Data Service，通用数据服务）是一个创新性的基础功能，这是微软试图打造的一个全新的、基于SaaS模式的数据服务平台。一方面是为了整合Office 365和Dynamics 365的数据（虽然现在还没有做到），另一方面是为了支撑以PowerApps、Microsoft Flow及Power BI为核心的商业应用服务。从图5-82中可以清晰地看出它们之间的关系。

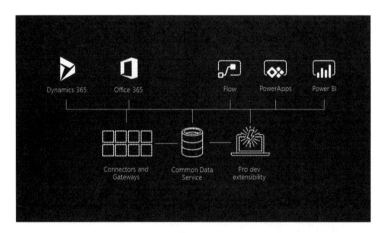

图 5-82

CDS最早是作为PowerApps的一部分进行开发的，所以到目前为止，CDS的管理界面都集成在PowerApps中，每个PowerApps的环境可以对应一个CDS数据库，如图5-83所示。

CDS正式GA的时间是2016年10月。可参考当时的官方文档https://powerapps.microsoft.com/en-us/blog/powerapps-cds-ga/。

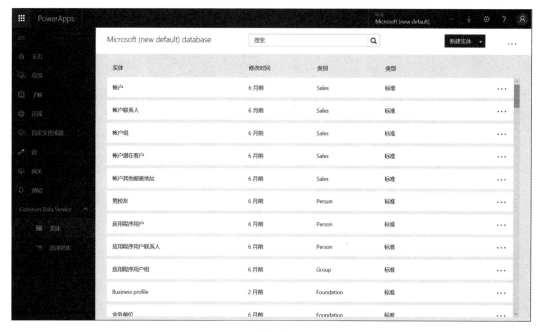

图 5-83

除了数据库外，CDS还有几个主要概念，分别为实体（Entity）、关系（Relationship）、选项值（Picklist）。

CDS定义了一套可以在不同组织间通用的实体，以及它们的关系。绝大多数情况下，用户可以直接使用这些实体，而不需要创建自定义实体。

5.3.1 创建和管理数据库

要创建一个CDS数据库，可以尝试登录 https://preview.admin.powerapps.com/environments，先创建一个Environment（环境），如图5-84所示。

新建环境

新建环境用于应用和流开发并维护单独的数据库。 了解更多

环境名称

测试

区域 ⑦

United States First Release (默认)   ▾

环境创建后无法更改。

取消   创建环境

图 5-84

成功创建环境后，系统会提示用户是否要创建数据库，如图5-85所示。

如果选择创建，可以设置权限，稍等片刻即可完成数据库的创建，如图5-86所示。

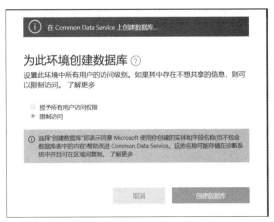

图 5-85   图 5-86

5.3.2　在 Excel 中编辑实体数据

对于广大的 Excel 用户来说，还有一个好消息就是，CDS 的数据支持在 Excel 中直接编辑。这在需要批量更新数据时可能更加有用。用户需要做的是，定位到自己要编辑的实体，然后单击右上方"在 Excel 中打开"按钮，如图 5-87 所示。

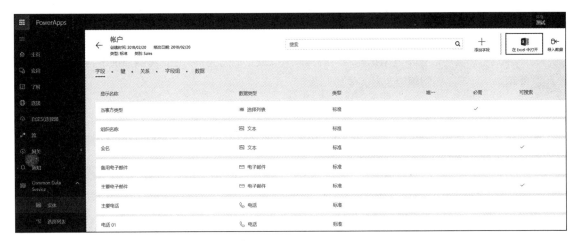

图 5-87

下载得到一个 Excel 文件，双击该文件打开，除了会看到一个表格结构外，还会自动加载一个 Office Add-in，如图 5-88 所示。

图 5-88

按照提示输入自己的 Office 365 账号和密码登录，即可刷新并读取到所有实体的数据，如图 5-89 所示。

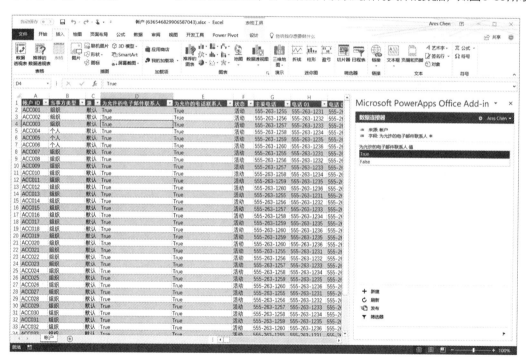

图 5-89

当选择某一列时，这个插件会自动检测出数据类型，如果有选项值，还会自动列出来。这样就可以在 Excel 中修改某个数据，然后单击"发布"按钮即可完成更新。

5.3.3　在 Outlook 中集成 Common Data Service

除了 Excel 的集成外，CDS 还提供了一个与 Outlook 集成的工具，要启动该功能，需要在 CDS 界面选择"实用设置"选项，然后按照提示下载一个清单文件，如图 5-90 所示。

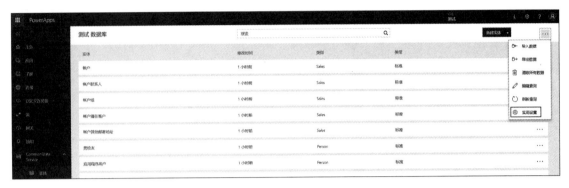

图 5-90

这里将下载一个XML文件，其实是一个Outlook Add-in的清单文件（Manifest），如图5-91所示。

图 5-91

接下来可以利用这个文件在Outlook中加载一个Add-in。在Outlook的主界面中，单击"应用商店"按钮，如图5-92所示。

图 5-92

然后在"我的加载项"界面单击"Add a custom add-in"链接，选择"从文件添加…"选项，如图5-93所示。

图 5-93

选择刚刚下载好的清单文件，在弹出的对话框中单击"安装"按钮，如图5-94所示。

图 5-94

安装完插件后，在Outlook主界面中看不到任何变化，它是对邮件窗口的一个扩展。目前的功能是这样的：在任意一封邮件中，会多出来一个"Common Data Service"按钮，单击该按钮，会展开一个面板，它会检测出这个邮件中涉及的联系人，然后将其与CDS中的Contact（联系人）对比，如果不存在，则可以添加为Contact（联系人）；如果存在，则会尝试查找该联系人相关的Case（案例）记录，如图5-95所示。

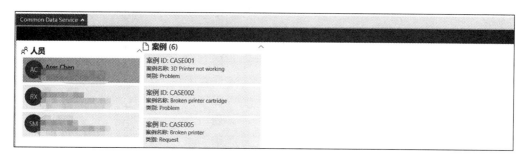

图 5-95

5.3.4　在 PowerApps 中使用 Common Data Service

PowerApps是与CDS结合得最好的一个应用，对于PowerApps来说，CDS是一种更好的数据源，在实体之间定义的关系能被自动识别出来，并且生成对应的下拉框。

Common Data Service是PowerApps中一个默认的连接器，如图5-96所示。

图 5-96

登录成功后，可以在实体列表中选择希望在当前应用中使用的实体，然后单击"连接"按钮，如图 5-97 所示。

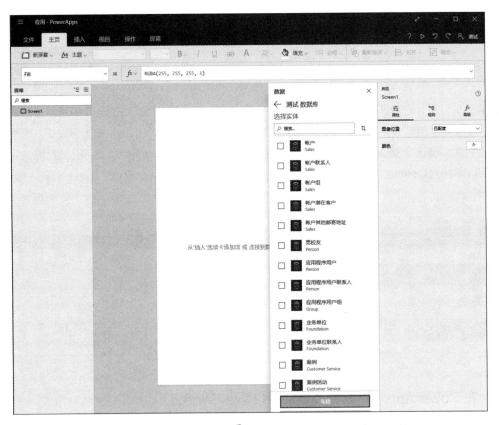

图 5-97

接下来就可以在界面中使用这些实体数据了，如图5-98所示。

图 5-98

5.3.5　在 Microsoft Flow 中使用 Common Data Service

接下来要介绍的是在 Microsoft Flow 中如何与 CDS 进行集成和交互。可以将 CDS 理解为一种数据源，那么在 Microsoft Flow 中，一方面可以根据 CDS 的数据变化触发流程（如在新增了一个 Case 时进行触发），另一方面可以在其他流程中往 CDS 的实体中写入数据。从图 5-99 中可以看到，与 Common data Service 相关的模板就有 18 个。

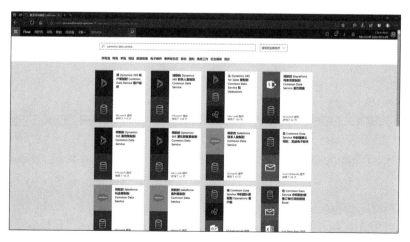

图 5-99

Common Data Service 的触发器共有两个，分别可以监听新增记录和更新记录，如图 5-100 所示。

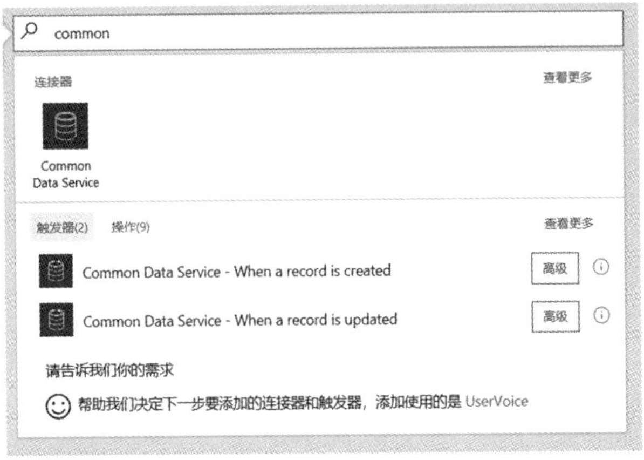

图 5-100

Common Data Service的操作共有9个，如图5-101所示。

图 5-101

5.4 为PowerApps、Flow及Power BI 开发自定义连接器

前面介绍了新一代微软商业应用平台三剑客（PowerApps、Microsoft Flow及Power BI），它们看起来并不难，因为它们的定位是要给业务部门的用户直接使用的。那么就出现了以下两个问题。

①它们为什么能这么灵活和强大？

②如果这些都由业务部门的用户自己去做，那么IT部门的人员和开发人员做什么呢？

这两个问题其实是相关的，而且第二个问题的答案就是第一个问题所描述的结果。因为可以将IT专业人员（IT Pro）和开发人员（Developer）从日常的轻量级业务应用工作中解放出来，所以他们可以去做一些更加擅长的技术和通用性的业务来支撑组件的开发，如图5-102所示。

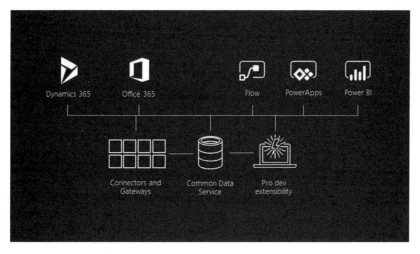

图 5-102

Common Data Service 在前面已经介绍过了，Gateways 也讲解过，Pro dev extensibility 在后面的章节中会介绍。那么在应用的基础架构部分，就只有 Connectors（连接器）了。实际上大家已经应用过连接器了，Microsoft Flow 中内置了将近 200 个连接器，如图 5-103 所示。

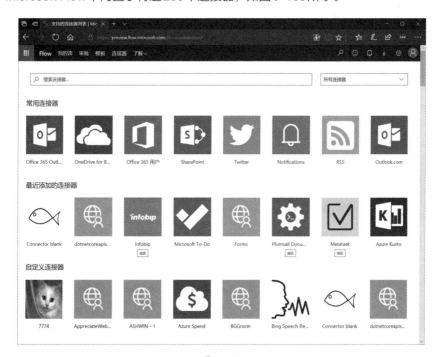

图 5-103

但是，如果需要的某个功能上面的连接器并没有提供，而用户自己正好有一定的开发能力，那么本节内容正适合。本节将以一个实例介绍如何自定义连接器。从某种意义上来说，PowerApps 和 Flow 是共用连接器的，而 Power BI 的连接器则更特殊一点。本节的内容包括以下几个方面。

（1）编写一个 Web API 服务（适用于 PowerApps 和 Flow）。

（2）在 Flow 中创建自定义连接器。

（3）在 Flow 中使用自定义连接器。

（4）在PowerApps中使用自定义连接器。

（5）Power BI自定义连接器的开发思路。

5.4.1 编写一个 Web API 服务（适用于 PowerApps 和 Flow）

绝大部分的连接器都是Web API服务。开发人员将一些业务逻辑封装在服务器端（准确地说是云端），然后选择性地暴露一些接口，供PowerApps和Flow在需要的时候调用。所以在开始自定义连接器之前，需要做的就是编写一个Web API服务。可以用任何熟悉的语言和平台完成这个工作，这里已经完成了一个使用C#编写的、基于dotnet core框架的Web API服务的例子，因为本节的重点不是如何创建Web API服务及部署，所以这里不再讲解这个过程，可以自行参考图5-104所示的文章介绍和代码。

在PowerApps或Flow中定义自定义连接器时，如果有一个服务描述文档会大大简化操作。所以开发人员需要在上述成果的基础上添加一个功能，让它能自动生成一个服务描述文档。微软官方的建议是用swagger的规范。关于swagger，可以参考官网https://swagger.io/specification/。

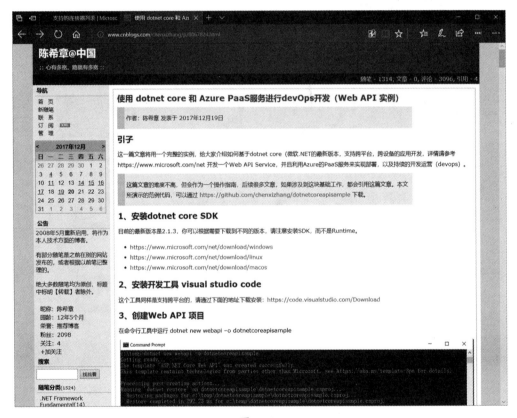

图 5-104

在上述项目中添加swagger的支持，可参考下面的步骤。

①使用该命令导入一个包 `dotnet add package Swashbuckle.AspNetCore`，然后进行还原 `dotnet restore`。

②在Startup.cs文件中添加两个命名空间的引用：`using Swashbuckle.AspNetCore`和`using Swashbuckle.AspNetCore.Swagger`。

③在ConfigureServices方法的底部增加以下代码。

```
services.AddSwaggerGen(_=>{
_.SwaggerDoc("v1",new Info(){
Version ="1.0",
Title ="dotnet core api sample",
Contact = new Contact(){
Name="Ares Chen",Email ="ares@xizhang.com"},
Description ="dotnet core api sample using swagger"
});
});
```

④在 Configure 方法的底部增加以下代码。

```
app.UseSwagger();   app.UseSwaggerUI(_=>_.SwaggerEndpoint("/swagger/v1/
swagger.json","v1"));
```

完成之后，按照上面提到的步骤，将代码提交到 Azure 的 Git 存储库，然后在浏览器中访问 https://dotnetcoreapisample.azurewebsites.net/swagger/v1/swagger.json，正常情况下会看到图 5-105 所示的输出结果。

因为 Azure 不允许同名地址，所以实际部署地址可能与此处不同。如果不想自己部署，可以直接用这个地址查看输出结果，并将其用在后续的自定义连接器中。

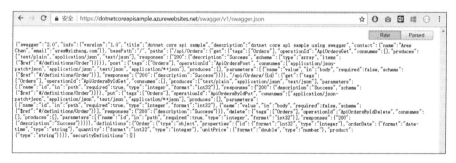

图 5-105

这是一个 JSON 的文档。如果用格式化工具来查看，其结果如图 5-106 所示。

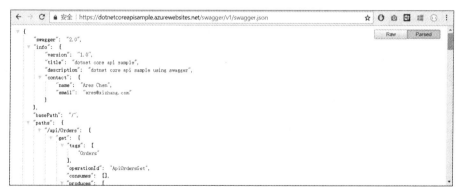

图 5-106

查看它并不是重点，现在需要做的是在其上右击，然后将其另存到本地（swagger.json），稍后会用这个文件来自定义连接器。

5.4.2 在 Flow 中创建自定义连接器

准备好上面这个 Web API 服务，就可以在 Flow 中自定义连接器了。单击"设置"按钮，在弹出的菜单中选择"自义定连接器"选项，如图 5-107 所示。

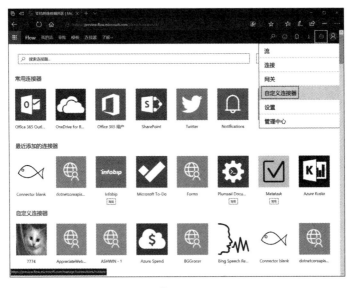

图 5-107

在接下来的界面中单击"创建自定义连接器"按钮，然后选择"导入 OpenAPI 文件"选项，如图 5-108 所示。

图 5-108

定义标题，并找到此前保存在本地的 swagger.json 文件，单击"继续"按钮，如图 5-109 所示。

图 5-109

设置一些基本信息，然后单击"继续"按钮，如图 5-110 所示。

图 5-110

在安全性设置这里暂时选择"无身份验证"选项，然后单击"继续"按钮，如图5-111所示。

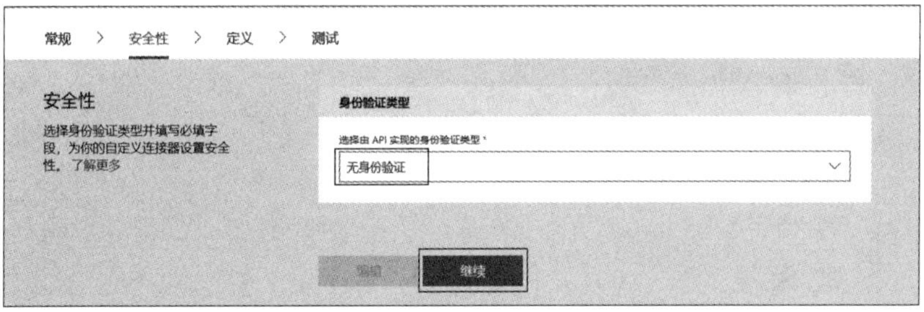

图 5-111

注意，真正使用的连接器是需要做身份验证的。

此时Flow会读取swagger文件中的定义信息，并列出所有的操作，如图5-112所示。这时会发现有5个操作，对应创建订单、修改订单、查询订单（列表及单个订单的详情）、删除订单。目前在这些操作前有一个感叹号的提示，因为有部分信息还需要用户做定义：摘要和说明。

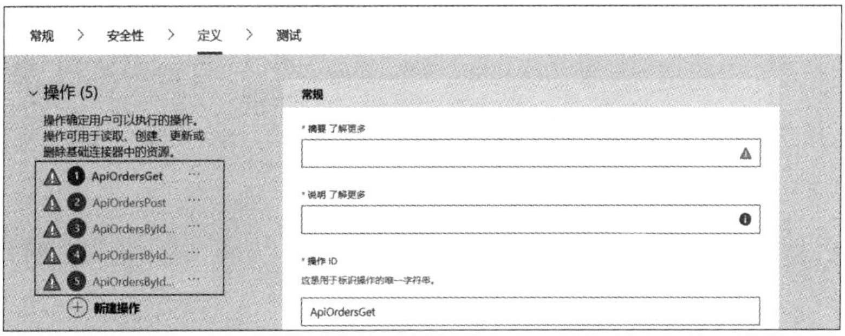

图 5-112

把这些内容补充完整，确认没有问题了，单击"创建连接器"按钮完成操作，如图5-113所示。

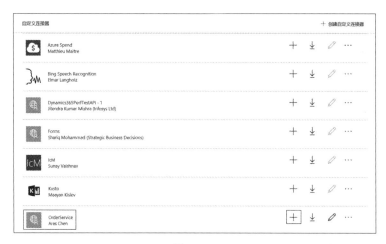

图 5-113

创建后的界面如图5-114所示。然后单击加号按钮，可以基于这个连接器（connector）创建一个用于当前环境的连接（connection），如图5-115所示。

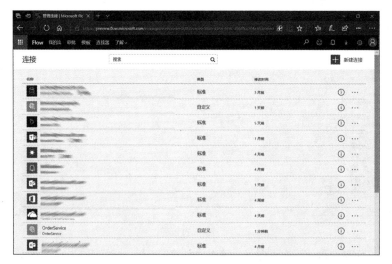

图 5-114

图 5-115

5.4.3 在 Flow 中使用自定义连接器

接下来"从空白创建"来体验上面这个自定义连接器的使用。如图5-116所示。

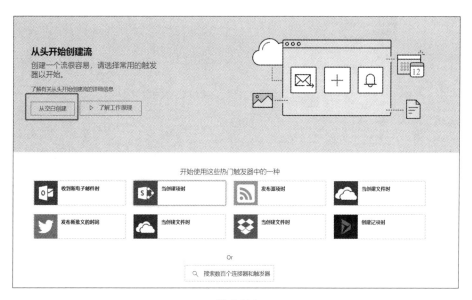

图 5-116

为了便于测试，选择"手工触发流"选项，在添加操作时，搜索"orderservice"，会看到有5个操作，如图5-117所示。

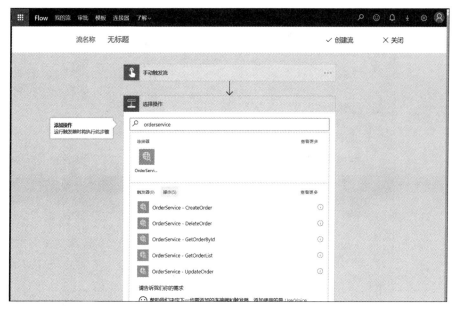

图 5-117

下面添加CreateOrder，并输入一些基本信息，如图5-118所示。

图 5-118

为了让测试更加直观，单击图5-118中的"+新步骤"按钮，继续添加一个获取订单列表的操作，然后将获取的结果发送到一个服务器地址，如图5-119所示。

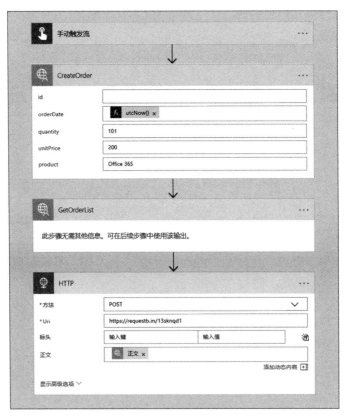

图 5-119

保存后运行这个流，会弹出图5-120所示的窗口，单击"继续"按钮。

图 5-120

单击"运行流"按钮，如图 5-121 所示。

图 5-121

很快就能看到图 5-122 所示的结果。

图 5-122

而且服务器也很快收到了数据，如图 5-123 所示。

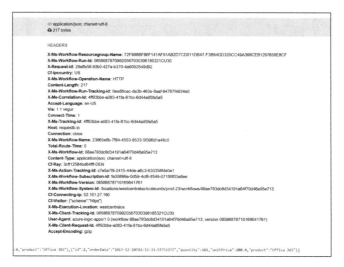

-0,"product":"Office 365"},{"id":2,"orderDate":"2017-12-20T02:11:33.53753372","quantity":101,"unitPrice":200.0,"product":"Office 365"}]

图 5-123

5.4.4　在 PowerApps 中使用自定义连接器

自定义连接器的使用方法在 PowerApps 中也是类似的，用户在 PowerApps 中也可以看到之前定义好的 OrderService 的连接，如图 5-124 所示。

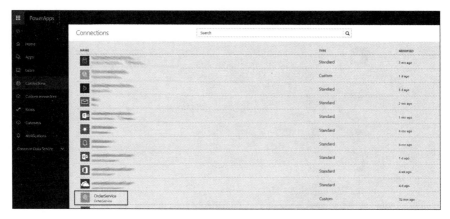

图 5-124

在创建应用时，可以很方便地选择这个数据连接，如图 5-125 所示。

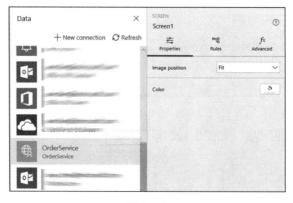

图 5-125

建立连接后，在数据控件中可以通过下面的方式调用方法。

插入一个列表控件（ListBox），如图5-126所示。

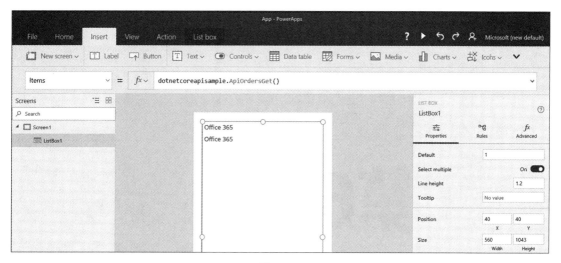

图 5-126

设置列表控件的数据源属性（Items），如图5-127所示。

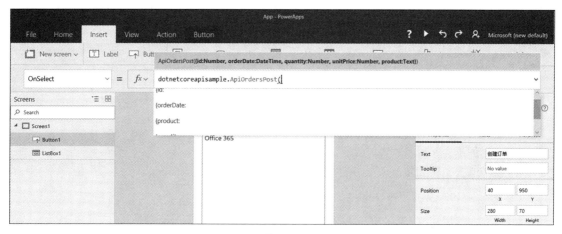

图 5-127

5.4.5 Power BI 自定义连接器的开发思路

看完上面的介绍，大家对于创建Web API服务并将其用于PowerApps和Flow的过程有了感性的认识。我们可能会很自然地联想到，这个服务和连接器能否也用于三剑客中的另外一个组件——Power BI，用于数据获取呢？

答案是：目前还不行。Power BI支持的自定义连接器的方式目前还在Preview的阶段，其实现方式比较特殊。

第6章

　　人工智能毫无疑问是这两年最热门的一个领域，不管是从商业角度还是技术角度来说。它已经从一个概念到原型实践，再到现在的产业化，甚至国务院还于2017年7月8日专门印发了《新一代人工智能发展规划》。那么在这样的大背景下，广大的Office 365用户和开发人员需要用什么样的思维参与其中，我们又将从中得到什么？本章将从以下几个方面进行介绍。

　　1. 微软人工智能，增强人类智慧。

　　2. Office 365已经具有的AI能力。

　　3. 基于Office 365的人工智能发展方向与机遇。

　　4. Office 365机器人（Bot）开发入门指南。

第 6 章 人工智能背景下的 Office 365 现状和发展趋势

6.1 微软人工智能，增强人类智慧

人工智能的定义可以分为两部分，即"人工"和"智能"。"人工"比较好理解，争议性也不大。但关于什么是"智能"，这涉及其他诸如意识（consciousness）、自我（self）、心灵（mind）及无意识的精神（unconscious mind）等问题。人唯一了解的智能是人本身的智能，这是普遍认同的观点。但是人们对自身智能的理解都非常有限，对构成人的智能所必需的元素的了解也很有限，所以就很难定义什么是"人工"制造的"智能"。因此人工智能的研究往往涉及对人类智能本身的研究。关于动物或其他人造系统的智能也普遍被认为是人工智能相关的研究课题。人工智能目前在计算机领域得到了愈加广泛的应用，并在机器人、经济政治决策、控制系统及仿真系统中得到应用。

这是一个透过现象看本质的定义，但并不是那么好理解。反过来，如果从本质出发看现象，也可以说，人工智能的核心是算法，基础是数据，表现形式为机器人。几乎可以肯定的是，算法会越来越复杂，属于真正的高科技领域；而应用程序则会越来越简单，以后也许中小学生也能做自己的机器人程序。

微软在人工智能领域一直在投入资源，于 2016 年 9 月专门成立了"微软人工智能与研究事业部"，由微软全球执行副总裁、技术与研发部门主管沈向洋博士领导。与此同时，微软与其他 4 家科技巨头——亚马逊、谷歌、Facebook 和 IBM 还共同成立了 AI 联盟，旨在推动公众对人工智能技术的理解，如图 6-1 所示。

图 6-1

微软人工智能的目的是增强人类智慧，在 2017 年的 Build 大会上，沈向洋博士用更加清晰和具体的行动计划诠释了这一点，具体可参考 https://blogs.microsoft.com/blog/2017/05/10/microsoft-build-2017-microsoft-ai-amplify-human-ingenuity/。

微软将通过以下两个方面来实现这一目标。

（1）将 AI 带给每一个开发人员——使用微软认知服务，开发人员可以构建识别手势、用多种语言翻译文本、解构视频以实现更快地搜索、编辑实时字幕，甚至定制数据以识别类别中的图像。

（2）用AI重新定义微软——将AI注入我们所提供的每一个产品和服务中，从Xbox到Windows，从Bing到Office。

如果想进一步了解这方面的细节，推荐大家阅读微软亚洲研究院院长洪小文博士在"二十一世纪的计算"学术研讨会上所做的报告《Co-Evolution of Artificial Intelligence and Human Intelligence—— 人工智能和人类智能的"共进化"》，这个报告非常具体、生动地给我们展示了人工智能的3个能力（视觉识别、自然语言理解、数据分析）和智能的4个阶段（功能、智能、智力、智慧），如图6-2所示。

图 6-2

通过图6-3中的内容可以全面地了解微软的人工智能总体框架和战略：智能来自于数据，服务于决策。

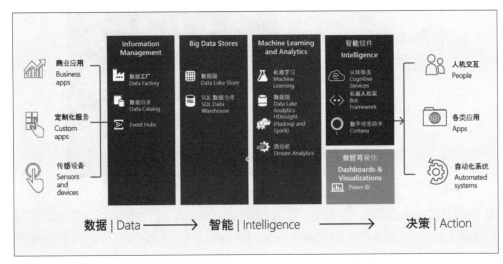

图 6-3

如果用更喜闻乐见的产品或服务来介绍，则可以分为4个方面，如图6-4所示。

图 6-4

（1）大多数人认识到人工智能的威力都是从一些数字化助手开始的。微软目前既有严肃活泼的私人工作助理**小娜（Cortana）**，也有集智慧和美貌于一身的**小冰**，还有辅助学习英语的**小英**。

（2）数字化助手毕竟是有限的几个，更加广阔的场景会出现在应用程序这个大类别中，这也是前面提到的"Redefining Microsoft with AI"的具体体现。Windows 和 Office 365 等核心应用程序都将极大地增强智能水平，以便更好地帮助用户工作和生活。

（3）不论是数字化助手还是微软的应用程序，它们的人工智能能力都来自目前已经初具规模的微软认知服务，它基本囊括了听、说、读、写、看的常规能力，以及一部分理解能力。这些在我们看来还是属于常识层面的，也就是洪小文博士提到的功能和一点点智能的层次。但这是一个很好的起点，更重要的是，广大的开发人员可以站在微软的肩膀上，结合自己的业务需求，开发自己的人工智能应用。这是"Bringing AI to every developer"的承诺与输出。

（4）使用微软智能云（Azure），不论是与物联网结合的 IoT 套件，还是大数据量的存储和处理，又或者是应用开发和运营一体化，都可以为用户的人工智能应用提供可靠、强大的支撑。

6.2　Office 365 已经具有的 AI 能力

接下来介绍 Office 365 目前已经具备的人工智能（AI）能力。目前 Office 365 在全球范围内的每月活跃用户超过 1 亿，在数字化转型时代，无论是对于客户及用户，还是对于微软来说，都是极为重要的一个生产力服务平台。沈向洋博士在任职不久后接受专访时提到，微软的人工智能部门将投入大量的资源，在近两年内会将 Office 365 的智能水平提升到一个新的级别。近年来，我们已经看到 Office 365 的很多创新功能，并且有理由相信这仅仅是一个开始。

➲ 小娜（Cortana）中的 Office 365

小娜（Cortana）是 Windows 10 设备中的个人信息助理。Windows 10 中的 Cortana 非常适合用户快速查看日程安排，了解自己的第一个会议的时间和地点，大致了解适当的差旅时间，甚至从日历中获取更新以了解未来的行程。Cortana 在连接到 Office 365 时更加出色，其能力得到了增强，可帮助用户准备会议、了解共事的人员并提醒接下来要去的地方，以防用户迟到，如图 6-5 所示。

图 6-5

管理员可以在Office 365管理中心（Admin Center）控制是否允许Cortana访问组织中用户的数据，如图6-6所示。

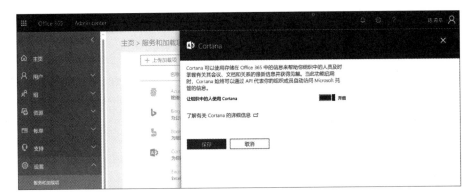

图 6-6

最终还需要得到用户的授权才可以完成Cortana的连接，充分保障了用户的隐私，如图6-7所示。

图 6-7

小娜（Cortana）目前不仅在桌面的 Windows 10 中运行，还被深度整合在其他一些设备——如无人驾驶的控制台中。在这样一个全新的现代办公空间中，有了 Cortana 和 Office 365，用户工作相关的信息可以一览无余，随时能得到反馈，并且通过全新的对话交互方式掌控一切，想想都是很美的事情，图6-8 为宝马汽车的案例。

图 6-8

○ Tell me（告诉我）——重新定义 Office 应用交互方式

Tell me 是一个看起来不太起眼的小功能，但未来可能影响深远，因为它代表了 Office 应用程序一种新的交互方式。大家都知道 Office 应用程序（Word、Excel 及 PowerPoint 等）的功能非常强大，但从另一方面来看，也为用户增加了一定的学习成本 —— 怎样让用户找到他想要的功能呢？在 Office 2003 及以前的版本中，用户界面是一级又一级的菜单；而从 Office 2007 开始，产品组设计了全新的 Modern UI（Ribbon），将易用性提高了一个级别。但这种做法的局限性仍然存在，因为屏幕的尺寸总是有限的。

现在，Office 365 用户使用这些最新版的 Office 客户端应用程序时，将拥有一个全新的体验——再也不需要记住自己想要的功能在哪个菜单下面，或者在哪个 Tab 里面，取而代之的是可以在一个固定的位置，用自然语言查找所需的功能。只需按下"Alt+Q"组合键，然后输入想做的事情，Office 应用程序就能理解用户的想法，并且告诉用户用什么功能来实现，如图 6-9 所示。

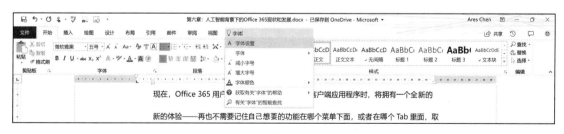

图 6-9

目前此功能支持文字输入，但如果设备支持，用户完全可以用语音来发出指令，快速找到自己想要的功能，甚至完成后续的操作。这个功能的关键在于自然语言的理解能力。进一步来说，如果这个接口能开放出来，让开发人员可以进行扩展，那将是一个革命性的进步。

○ Word——更加智能的编辑器（Editor），包括插入文档项（Tap）、研究工具（Research）及智能查

找（Smart Lookup）等

毫无疑问，Word是世界上最好的文字处理软件之一。尽管如此，微软还是在不断地对其进行创新。最新版本的Word编辑器具有非常智能的特性，可以在用户写作时提供即时的反馈，纠正拼写错误是最基本的，它甚至可以为用户提供更好的书写建议，如图6-10所示。

2016年10月，Office 365用户拥有了一个全新的功能—— Tap（插入文档项），它允许在不离开Word的情况下查找本地文件夹、个人网盘，以及团队工作区中的文档内容，并且可以将一些感兴趣的片段插入文档中。

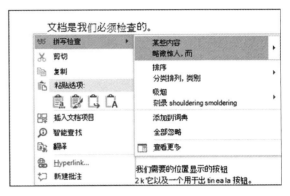

图 6-10

这个功能不是Word独有的，Office 365用户在使用Outlook编写邮件时，也可以拥有同样的全新体验。Tap功能可以通过"文档项"菜单访问，如图6-11所示。

图 6-11

然后可以在图6-12所示的面板中进行搜索。

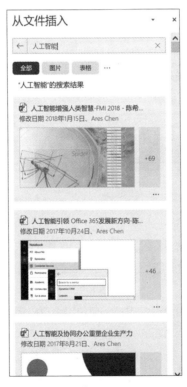

图 6-12

另外一个很有用的功能——研究工具（Researcher），一看名称就知道是研究人员的最爱。它可以在用户撰写研究材料时引用资源（由Bing提供学术搜索支持），然后将其片段插入当前文档中，并自动生成引用信息等。用户可以在"引用"选项卡中找到该功能，如图6-13所示。

图 6-13

研究工具的基本使用效果如图6-14所示。

智能查找（Smart Lookup）则是另外一项基于Bing提供的搜索服务，相较于研究工具而言，它提供的见解会更加广泛，如图6-15所示。

图 6-14

图 6-15

⊃ Excel —— PowerMap、PowerPivot 及 PowerView 系列工具

Excel作为一个专业的数据分析工具，在商业智能——Business Intelligence（BI）方面有颇多建树，但目前在人工智能——Artificial Intelligence（AI）方面的应用还不太多。

Smart Lookup和Tell me属于通用功能，在Excel中也能使用。

Excel的BI系列工具如图6-16所示。

图 6-16

其中 PowerMap 是一个 3D 的图形化展示工具，可以基于多种不同的数据源进行呈现，如图 6-17 所示。

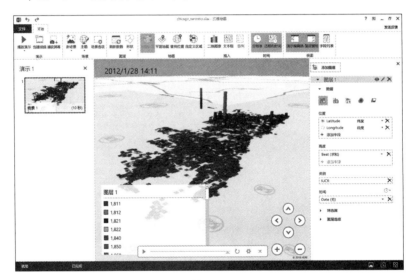

图 6-17

○ PowerPoint——Zoom（缩放）、Morph（平滑）、Designer（设计灵感）及 Translator（翻译）

　　和很多人一样，我一直以来只能算是 PowerPoint 的初级用户，并不擅长制作既有 Power 又有 Point 的材料，而且在这方面很难看到改善的迹象。而 PowerPoint 的这一代产品，它的 4 个新功能我都很喜欢，甚至可以说是爱不释手。

　　Zoom（缩放）可以快速帮助用户建立 PowerPoint 的骨架，并且可以自动实现转场效果。比如，一个演示文稿通常都应该有一个大纲，每个大纲的题目又对应几个展开的细节页面，而每切换到一个大纲题目时，为了让观众知道当前所处的位置，通常会复制大纲页面，然后手工做一个转场。这的确不难，但比较烦琐。现在有了 Zoom，一切都很简单，如图 6-18 所示。

图 6-18

Zoom解决的是整个演示文档的纲举目张的问题，而Morph（平滑）则专注于页面之间的平滑切换，通过一两次点击就可以实现以往可能要用专业级软件才能实现的动画转场效果，如图6-19所示。

图 6-19

Designer（设计器）则更进一步，它可以根据页面内容（如文字、图片等）自动给出多种设计建议，用户要做的只是选择其中一条建议，如图6-20所示。

自从用了Designer的功能后，我再也不怕做演示文稿了，因为我只需要专注于要展现的内容即可。至于展现形式，它会帮我搞定。

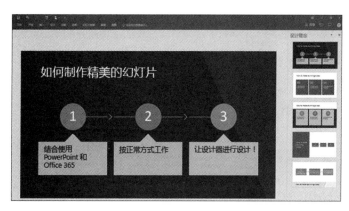

图 6-20

用了Zoom、Morph和Designer之后，做出来的演示文稿水准可以上一个台阶，但接下来的问题是如何交付出去，也就是最后一公里的问题。比如这样的情况：精心准备的一份材料（用中文写的），因为要给不同的客户讲，所以就需要做多个语言版本，翻译工作很费时间，这么多个版本的材料也很难维护，甚至针对不同客户需要请不同的同事去讲解。但现在要为不同语言准备不同材料的状况也许有望得到彻底的改变，因为现在有专门用于PowerPoint的翻译利器 —— Presentation Translator，这是微软的一个车库项目的成果，如图6-21所示。

图 6-21

图6-22所示的例子就是演讲者用英语，字幕却自动显示为西班牙语。

图 6-22

目前Translator能支持的语言超过50种，如图6-23所示。

图 6-23

● Outlook —— 重点收件箱（Focus Inbox）和 Tap

邮件是现代生活的一个基石，时至今日它已成为商业活动中必不可少的一部分，全球每分钟发送的邮件数以亿计。这就带来另外一个问题：邮件过多很可能会对用户的工作造成干扰，而如果不幸遭到了垃圾邮件的攻击，那其中的痛苦一定令人记忆深刻。但是，如果使用了 Office 365 的邮件服务，将基本与垃圾邮件无缘。

Office 365 用户使用最新的 Outlook，它会使用一定的算法自动将邮件分为两类，一类是重要的，另一类是普通的。这个功能叫作 Focus Inbox（重点收件箱），如图 6-24 所示。当然，除了内置的算法外，还可以手动通过一些行为告诉 Outlook 哪些是重要邮件。

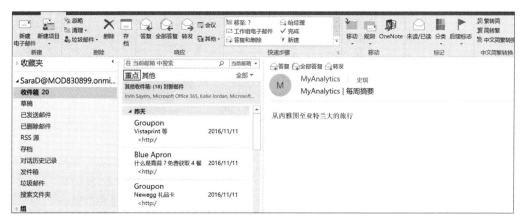

图 6-24

关于 Outlook 中的 Tap（插入文档项）功能，此前在介绍 Word 时已经介绍过。用户可以通过图 6-25 所示的界面"管中窥豹"。

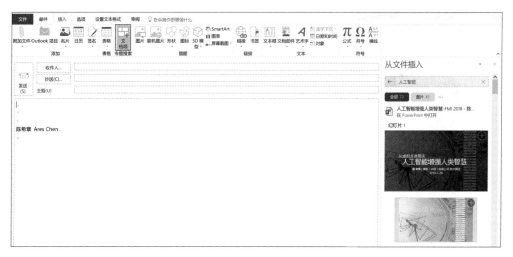

图 6-25

● Delve —— My Analytics、Workplace Analytics 及 Discovery

Delve 是 Office 365 用户专享的一项服务，而且目前只有云端版本。用户可以通过 https://delve.office.com 直接访问该项服务，或者通过 Delve 的移动应用进行操作。

Delve 可以显示 Office 365 中的个性化内容，如 OneDrive for Business、SharePoint、Exchange 及 Yammer 等。Delve 基于 Microsoft Graph 实现，能根据用户正在处理的工作及与用户合作的人员来为用户显示信息，并始终保持已有的权限，如图 6-26 所示。

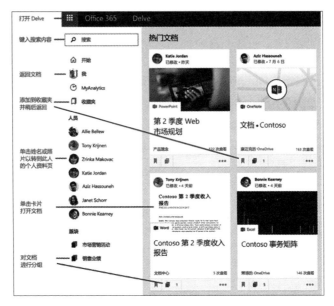

图 6-26

Delve不仅了解用户及周围同事所做的事情（在得到用户许可的情况下），还能提供基于用户工作的数字化分析，甚至为团队或整个组织提供生产力方面的统计分析，帮助大家更好地了解"时间到底去哪儿了"。

MyAnalytics帮助用户了解如何进行通信，以及分析用户花费在工作上的时间。可以设置自己的目标，并让MyAnalytics度量进度。

用户看到的某些信息是基于其他同自己一样打开 MyAnalytics 的人正在做的事。例如，组织中人员在会议上花费的平均时间，或者组内成员阅读子邮件的及时程度，如图6-27所示。

图 6-27

MyAnalytics 还有一个Outlook插件可供使用，如图6-28所示。

图 6-28

2017年7月正式推出的Workplace Analytics为管理者提供了全新的视角，帮助其了解团队和组织的工作效率，为改善工作环境提供见解，如图6-29所示。

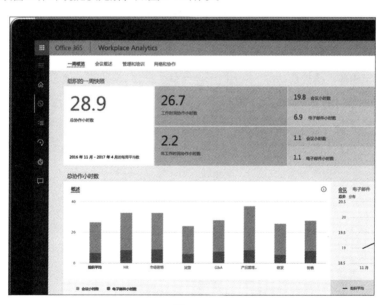

图 6-29

Delve目前还没有出现在Office 365的中国版本中。

⮌ Skype for Business ── EDI（Enterprise Deep Intelligence）

Skype for Business是Office 365中的沟通套件，它提供了一对一的对话（支持文字、语音、视频等多种形式）、高清音视频会议，以及现代化的PBX解决方案。EDI（Enterprise Deep Intelligence）是2015年开始的研究项目，其主要目的是以简单、聪明地解决"预定会议室"为入口，进行企业级别的深度智慧应用及研究。

经过近两年的发展，EDI目前已经包含了多项功能，"预定会议室"是我最常用的功能。第四项功能也不错，如图6-30所示。

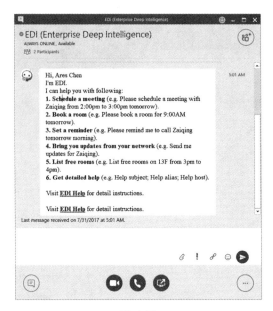

图 6-30

目前这个项目的成果已经在微软公司内部推广使用，并在少量的客户中进行了部署（由微软企业服务部提供服务）。

⊃ Microsoft Teams & Skype for Business——Bot（机器人）

下面给大家介绍Office 365家族中的新成员——Microsoft Teams。这是一款全新的以聊天为基础的协作沟通工具，整合了Office 365的很多服务，并且作为Office 365的一站式前端应用，为用户提供了聊天、团队和项目协作、会议等功能。

不仅如此，Microsoft Teams还为Office 365引入了机器人（Bot）的应用场景，事实上，它的帮助系统就是通过一个机器人（T-bot）来实现的，如图6-31所示。

图 6-31

需要说明的是，目前T-bot仅支持英文问答。

同时，Microsoft Teams支持用户自定义机器人，目前在官方市场中已经有超过30个功能各异的机器人可供用户选用，如图6-32所示。

图 6-32

这些机器人虽然功能各异，但都是基于微软的Bot Framework开发出来的，包括此前提到Skype for Business的EDI机器人服务，都可以采用这套统一的框架开发出来。换句话说，因为有了Bot Framework，现在要开发一个机器人已经变得比较容易了。

⊃ Microsoft Pix 和 Office Lens

Microsoft Pix是一款智能的拍照应用，可以用手机拍出专业级别的照片，如智能防抖、人像跟随、实时照片等，如图6-33所示。

图 6-33

需要说明的是，Microsoft Pix目前只有iPhone版本。

Office Lens是另外一款免费的移动应用，它非常适合用来从白板、菜单、符号、手写备忘录或任何具有大量文本的地方捕获笔记和信息。用户无须记笔记、依赖模糊图片，也不必担心将笔记放错位置。它不仅是捕获草图、绘图、公式，甚至是无文本图片的最佳选择，还可以与Office 365实现无缝整合，如一键保存到OneDrive等，如图6-34所示。

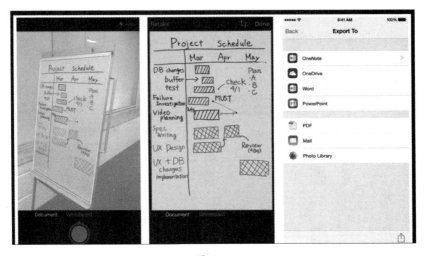

图 6-34

　　Office Lens 如此有用且有趣，以至于这个功能已经整合到 OneNote 的 App 中了。现在用 OneNote 创建笔记时，可以通过调用 Office Lens 进行拍照，实现上述功能。

6.3　基于 Office 365 的人工智能发展方向与机遇

　　前面介绍了 Office 365 已经具有的人工智能能力，这只是一个开始，未来会怎样呢？下面给大家介绍 3 个方向的发展趋势，仅供参考。

○ 通过 Microsoft Graph 驱动 Office 365 向 PaaS 的演化

　　我们都知道人工智能的基础是数据，Office 365 有大量的数据（当然这些数据及其隐私都归用户自己所有），下一阶段的发展在于从 SaaS（Software as a Service）向 PaaS（Platform as a Service）的延伸。客户组织或用户可以基于微软提供的服务接口（Microsoft Graph）实现对这些数据的再利用，尤其是与业务应用整合，如图 6-35 所示。

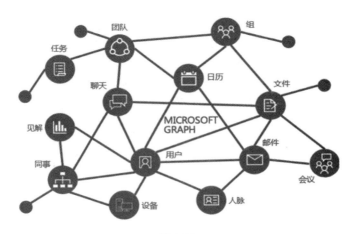

图 6-35

○ 利用认知服务增强 Office 365 的能力

　　开发者可以利用认知服务提供的接口来扩展 Office 365 的能力，为其实现更多人工智能的应用。

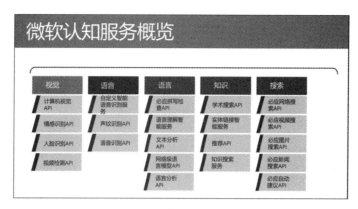

图 6-36

● **基于对话的机器人框架将深度影响未来人们办公的方式**

　　不管是Microsoft Graph的集成应用，还是Office add-in的扩展开发，现在已经与以前完全不一样了。基于对话的机器人框架（Microsoft Bot Framework）是一种全新的用户交互形式，这种CUI的方式会作为GUI和NUI的有益补充，为用户提供更加边界的交互体验，如图6-37所示。

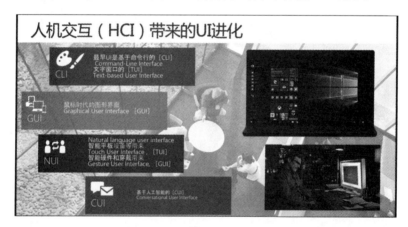

图 6-37

　　Microsoft Bot Framework是微软提供的一整套工具和服务的集合，如图6-38所示，它的访问地址是 https://dev.botframework.com。

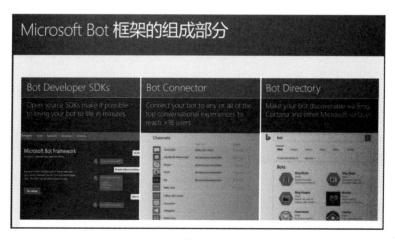

图 6-38

6.4 Office 365 机器人（Bot）开发入门指南

本节将介绍机器人的开发，目前这项服务是由 Azure Bot Service 提供的。所以用户必须先拥有一个 Azure 的订阅，不管是试用版的还是正式版的。

值得注意的是，目前 Azure 的国内版还没有 Bot Service 功能。

6.4.1 3 种类型的 Bot

用户可以在 Azure Portal 中搜索 Bot Service，定位到目前支持的 3 种 Bot Service 类型，如图 6-39 所示。

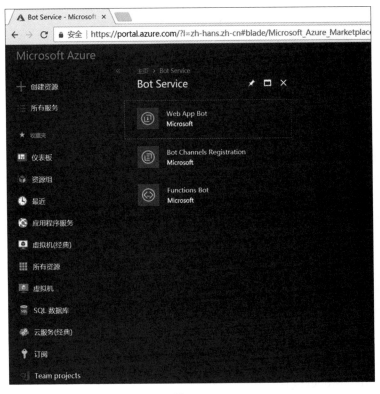

图 6-39

它们的使用场景分别如下。

（1）Web App Bot。这种类型将在 Azure 中创建一个 App Service 来运行用户的 Bot，并且通过模板和自动化配置极大地简化开发过程。

（2）Bot Channels Registration。这种类型支持用户将 Bot 应用部署到自己选择的其他位置（可以是用户的数据中心，也可以是其他的云平台），然后通过 Azure 来做 Channel 的注册和对接。

（3）Functions Bot。这种类型将在 Azure 中创建一个 Azure Function App 来运行 Bot，同样也会有模板和自动化配置来简化开发。它与 Web App Bot 的区别在于，它的计费是按照具体的使用次数，而不是虚拟机的启用时间来算的——事实上，这也正是 Azure Function App 和 Web App 的本质区别。这种形式可能更加符合机器人的特点——它是按需调用的，并不一定要一直在后台运行。

在开发阶段，不管是上述哪一种类型的 Bot，都可以选择"免费"进行开发和调试（普通信道无限量消息调用，高级信道每月 10 000 次消息调用）。"免费"的服务没有 SLA 保障，但对于开发阶段来说已经足够了。

6.4.2　3 种常见的 Azure 机器人服务方案

本节后半部分将再次以一个实例来介绍如何开发和测试基于Azure Bot Service的机器人。但在此之前，先摘录3种常见的Azure机器人服务方案作为参考，了解业界流行的做法和流程，可能会对后续的开发有借鉴意义。

⊃　商务聊天机器人

将Azure机器人服务和语言理解服务结合，可使开发人员能够创建针对各种场景的对话接口，如银行、旅游和娱乐等。例如，酒店礼宾员可以使用机器人来增强传统的电子邮件和电话呼叫交互，方法是通过 Azure Active Directory 来验证客户，并使用认知服务更好地根据实际情景，利用文字和语音处理客户请求。可以添加语音识别服务来支持语音命令，如图6-40所示。

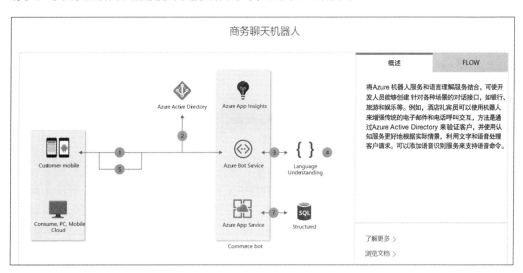

图 6-40

⊃　信息聊天机器人

信息聊天机器人可回答知识集中定义的问题或使用认知服务 QnA Maker 回答常见问题，以及使用 Azure 搜索回答更加开放的问题，如图6-41。

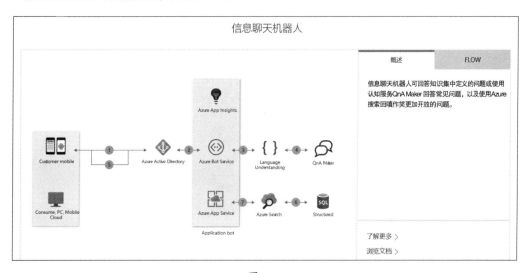

图 6-41

⊃ **企业效率聊天机器人**

Azure机器人服务可轻松地与语言理解结合，以生成强大的企业效率聊天机器人，让组织可以通过集成外部系统（如 Office 365 日历、Dynamics CRM 中存储的客户事例等）来简化常见工作活动，如图6-42所示。

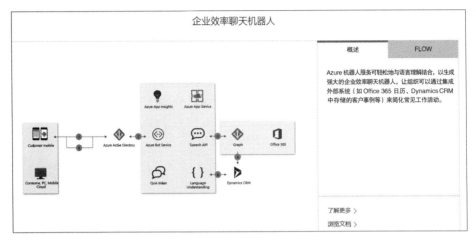

图 6-42

6.4.3 Function Bot 开发和调试

下面以一个实例来演示如何开发和调试Function Bot。在图6-43所示的向导中，需要指定一个唯一的名称，并且选择存储位置、定价层（这里选择"F0"，是指免费的定价）、宿主计划（这里选择"消耗计划"，指的是按调用次数付费）及Application insights（这里选择"打开"选项，以便后期可以通过一个仪表盘来查看机器人被调用的统计数据）。从图中可以看到，Azure Bot Service默认提供了两种语言（C#和Node.js）的5种模板。首先以Basic为例创建一个应用。

图 6-43

创建成功后，在图6-44所示的界面单击"Test in Web Chat"按钮进行测试。

图 6-44

⊃ **在线修改代码并进行测试**

　　这是Basic模板默认提供的功能，它就像一个回声筒一样，将用户发送过去的话再返回来。如果觉得这样太无聊，可以修改代码让它变得有趣一些。选择"机器人管理"中的"内部版本"选项，然后单击"在Azure Functions中打开此机器人"链接，如图6-45所示。

图 6-45

　　在图6-46所示的的界面中找到EchoDialog.csx文件，按照图中带框部分的代码进行修改。

```
        protected int count = 1;

        public Task StartAsync(IDialogContext context)
        {
            try
            {
                context.Wait(MessageReceivedAsync);
            }
            catch (OperationCanceledException error)
            {
                return Task.FromCanceled(error.CancellationToken);
            }
            catch (Exception error)
            {
                return Task.FromException(error);
            }

            return Task.CompletedTask;
        }

        public virtual async Task MessageReceivedAsync(IDialogContext context, IAwaitable<IMessageActivity> argume
        {
            var message = await argument;
            if (message.Text == "reset")
            {
                PromptDialog.Confirm(
                    context,
                    AfterResetAsync,
                    "Are you sure you want to reset the count?",
                    "Didn't get that!",
                    promptStyle: PromptStyle.Auto);
            }
            else
            {
                await context.PostAsync($"{this.count++}: You said {message.Text} at {DateTime.Now}");
                context.Wait(MessageReceivedAsync);
            }
        }

        public async Task AfterResetAsync(IDialogContext context, IAwaitable<bool> argument)
        {
            var confirm = await argument;
            if (confirm)
            {
                this.count = 1;
                await context.PostAsync("Reset count.");
```

图 6-46

单击"保存"按钮，回到此前的"Test in Web Chat"页面，再次输入消息，观察返回的内容。这时的回复消息中多了一个时间戳，如图6-47所示。

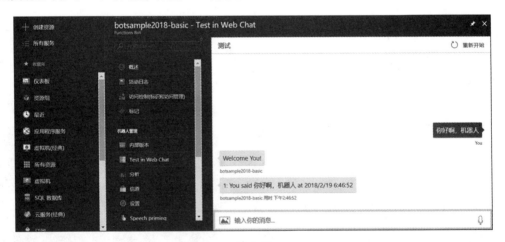

图 6-47

➔ 本地修改机器人代码并实现持续整合

前面演示了如何在线修改代码并进行测试。只要用户愿意，随时可以将代码下载到本地，然后使用自己喜欢的编辑器进行本地开发，最后提交给Azure Bot Service。单击"下载zip文件"链接，如图6-48。

图 6-48

用户需要使用Visual Studio 2017打开这个解决方案文件，将下图中带框的这一行代码稍作修改，可参考图6-49中的代码。

```
public virtual async Task MessageReceivedAsync(IDialogContext context, IAwaitable<IMessageActivity> argument)
{
    var message = await argument;
    if (message.Text == "reset")
    {
        PromptDialog.Confirm(
            context,
            AfterResetAsync,
            "Are you sure you want to reset the count?",
            "Didn't get that!",
            promptStyle: PromptStyle.Auto);
    }
    else
    {
        await context.PostAsync($"{this.count++}: You said {message.Text} at {DateTime.Now}");
        context.Wait(MessageReceivedAsync);
```

图 6-49

接下来，要将本地目录进行git配置，以便后续与Azure Bot Service 进行持续整合（通过git的代码提交，自动替换Azure Bot Serivce代码并触发编译，更新Bot应用）。要确保自己的本地计算机上安装了git工具，如图6-50所示。

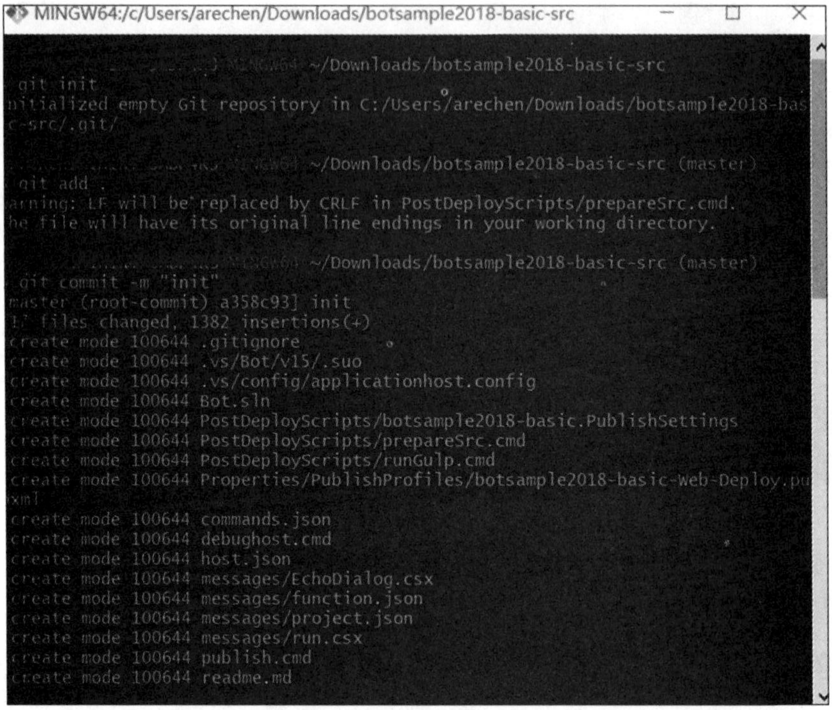

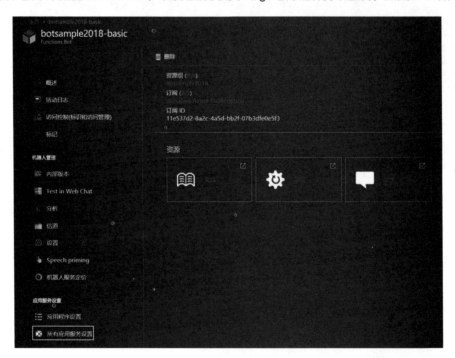

图 6-50

以上是通过git init命令初始化当前目录的git仓库，然后通过git add .命令和git commit -m命令提交本地更新。接下来配置Bot Service，以便它能使用本地git仓库进行持续整合，如图6-51所示。

图 6-51

选择图6-52中的"所有应用服务设置"选项，并在接下来的"部署选项"中选择"本地Git存储库"选项。

图 6-52

单击"保存"按钮后，设置"部署凭据"，如图6-53所示。要牢记用户名和密码，不要泄露给其他人。

图 6-53

此时"概述"页面中会多出来一个Git的克隆Url，如图6-54所示。

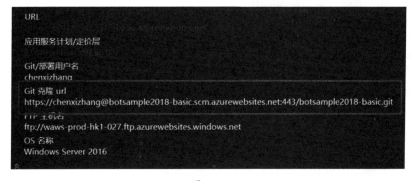

图 6-54

　　将这个地址复制下来，然后回到git bash窗口。通过git remote add origin 的url 命令添加远程存储库绑定，并通过git push origin master命令完成代码推送，如图6-55所示。

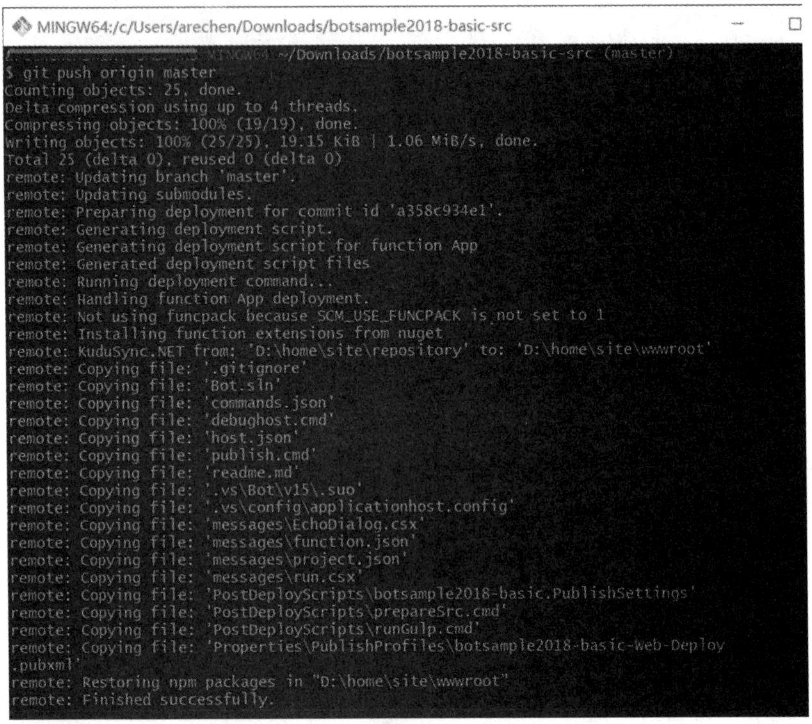

图 6-55

　　推送成功后稍等片刻，再次回到Azure Bot Service的"Test in Web Chat"菜单，会发现刚才在Visual Studio中所做的代码修改已经起了作用，如图6-56所示。

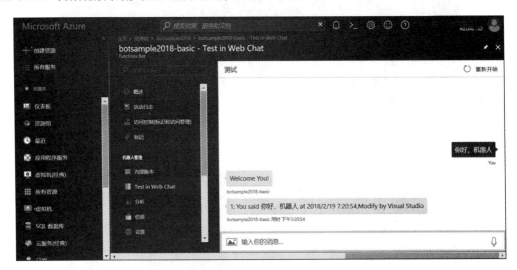

图 6-56

○ 使用 Bot Framework Emulator 进行调试
　　如果想进行更加细节的调试，推荐下载和安装 Bot Framework Emulator。通过它进行调试的好处是，可以清晰地看到消息发送和接收的细节，如图6-57所示。

图 6-57

⊃ 在业务应用中整合机器人

上面演示了如何开发、测试和调试机器人，默认情况下，Azure Bot Service会将这个机器人连接到Web Chat的信道（Channel），这样既可以通过之前多次演示的"Test in web chat"界面进行使用，也可以将这个界面整合到自己的业务应用中。为此需要获取机器人嵌入代码，如图6-58所示。

图 6-58

用户可以配置多个站点，并且为每个站点都生成一个单独的密钥以进行区分，然后单击"复制"按钮，会得到一串HTML代码，里面是一个iframe。注意用自己的密钥替换代码中的"使用此处的密钥"，将代码保存为一个HTML文件，如图6-59所示。

注意，这里添加了一个Style的设置，是为了让它在浏览器中看起来更加美观。接下来用户可以

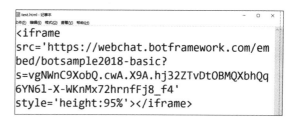

图 6-59

在任意浏览器中打开这个本地网页，输入消息后会得到与之前一致的使用体验，如图6-60所示。

图 6-60

○ 将机器人连接到 Microsoft Teams

既然本节讲的是"Office 365机器人（Bot）开发入门"指南，自然要提到如何与Office 365进行整合。这个话题有两层含义，首先在Bot Service中可以通过Microsoft Graph调用Office 365的服务来完成一些工作；其次是可以将机器人连接到Office 365的组件中，目前支持Microsoft Teams和Skype for Business两个信道，如图6-61所示。

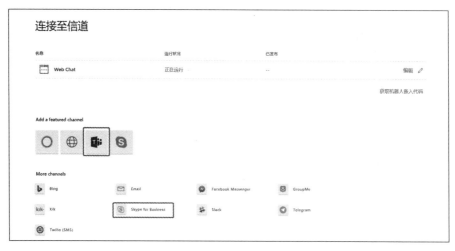

图 6-61

添加到Microsoft Teams相对容易一些，只需要单击图6-61中的Microsoft Teams图标并接受协议，然后在图6-62中单击"完成"按钮即可。

图 6-62

回到信道主界面，单击"Microsoft Teams"的链接，即可为自己的 Microsoft Teams 客户端添加当前这个机器人，如图 6-63 所示。

图 6-63

正常情况下，联系人中会出现一个机器人，这时用户就可以像与同事聊天一样跟它互动了，如图 6-64 所示。

图 6-64

如果公司的同事也需要使用这个机器人，在没有将这个应用提交给微软官方的市场之前，他们需要通过机器人的编号进行搜索，如图 6-65 所示。

聊天 | Microsoft Teams
安全 | https://teams.microsoft.com/_#/conversations/newchat?ctx=chat
通知
聊天
团队
会议
文件
最近
新聊天
T-Bot
T-Bot: How do I talk to your help bot?
12/27
至: 569f67ba-34a6-49d6-aae3-be696259dfb7
botsample2018-basic

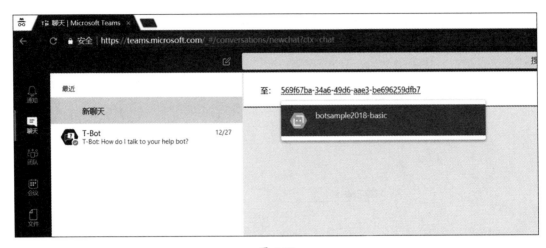

图 6-65

添加联系人后，后续的聊天形式是一样的，如图6-66所示。

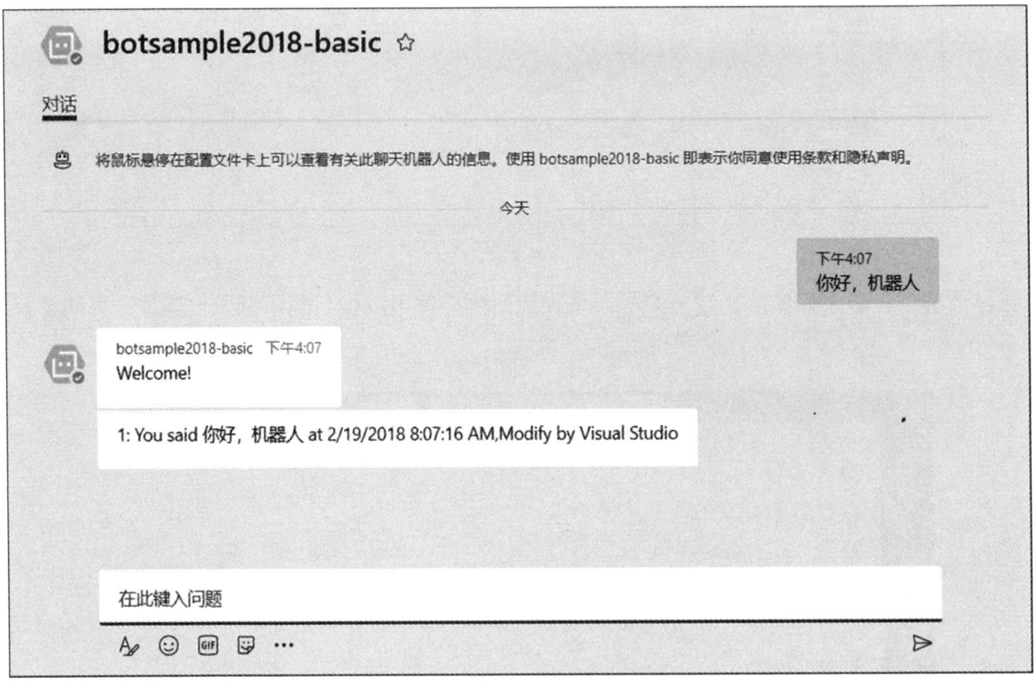

botsample2018-basic
对话
将鼠标悬停在配置文件卡上可以查看有关此聊天机器人的信息。使用 botsample2018-basic 即表示你同意使用条款和隐私声明。
今天
下午4:07
你好，机器人
botsample2018-basic 下午4:07
Welcome!
1: You said 你好，机器人 at 2/19/2018 8:07:16 AM,Modify by Visual Studio
在此键入问题

图 6-66

关于如何将用户开发的这个机器人提交到微软的官方市场，可参考 https://docs.microsoft.com/zh-cn/microsoftteams/platform/publishing/apps-publish 中的说明。

➲ 将机器人连接到 Skype for Business

与Microsoft Teams相比，将机器人连接到Skype for Business（如图6-67所示）的体验正好相反——它的安装配置过程比较复杂（需要Office 365管理员权限），但一旦配置完成，整个公司的用户都能直接搜索到这个机器人，而无须发布到微软的应用市场。

图 6-67

添加 Skype for Business 信道只是第一步，接下来要根据一个文档的说明，使用 Office 365 管理员身份及几个 PowerShell 的命令来完成这个机器人的注册和配置。通常的指令形式如图 6-68 所示。

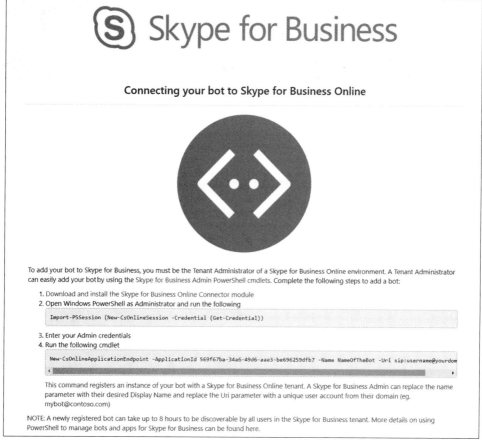

图 6-68

在我的 Office 365 测试环境中，执行的命令（注意，第二个命令的执行可能需要几分钟时间）如图 6-69 所示。

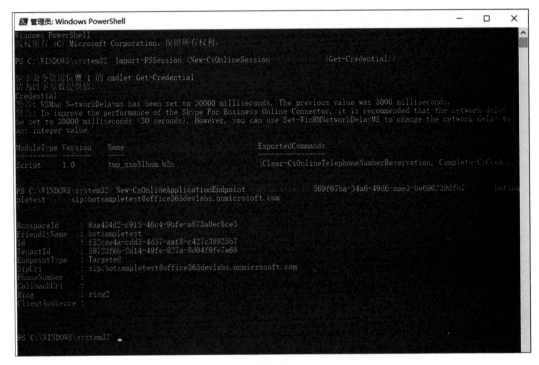

图 6-69

完成上面的配置后，任何一个用户都可以直接在 Skype for Business 中搜索到这个机器人并且与它聊天，如图 6-70 所示。

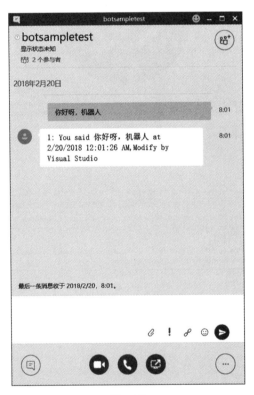

图 6-70